趣味物理学

[苏] 雅科夫·伊西达洛维奇·别莱利曼 / 著

曹 磊 / 编译

上海教育出版社
SHANGHAI EDUCATIONAL
PUBLISHING HOUSE

出版说明

　　大语文时代,阅读的重要性日益凸显。中小学生阅读能力的培养,已经越来越成为一个受到学校、家长和社会广泛关注的问题。学生在教材之外应当接触更丰富多彩的读物已毋庸置疑,但是读什么? 怎样读? 仍然是一个处于不断探索中的问题。

　　2020年4月,教育部首次颁布了《教育部基础教育课程教材发展中心 中小学生阅读指导目录(2020年版)》(以下简称《指导目录》)。《指导目录》"根据青少年儿童不同时期的心智发展水平、认知理解能力和阅读特点,从古今中外浩如烟海的图书中精心遴选出300种图书"。该目录的颁布,在体现出国家对中小学生阅读高度重视的同时,也意味着教育部及相关专家首次对学生"读什么"的问题做出了一个方向性引导。该目录的推出,"旨在引导学生读好书、读经典,加强中华优秀传统文化、革命文化和社会主义先进文化教育,提升科学素养,打好中国底色,开阔国际视野,增强综合素质,培养有理想、有本领、有担当的时代新人"。

　　上海教育出版社作为一家以教育出版为核心业务的出版单位,数十年来致力于为教育领域提供各种及时、可靠、实用、多样的图书产品,在学生阅读这一板块一直有所布局,也积累了一定的经验。《指导目录》颁布后,上教社尽自身所能,在多家兄弟出版社和相关机构的支持下,首期汇聚起其中的100余种图书,推出"中小学生阅读指导目录"系列,划分为"中国古典文学""中国现当代文学""外国文学""人文社科""自然科学""艺术"六个板块,按照《指导目录》标注出适合的学段,并根据学生的需要做适当的编排。丛书拟于一两年内陆续推出,相信它的出版,将会进一步充实上教社已有的学生课外阅读板块,为广大学生提供更经典、多样、实用、适宜的阅读选择。

编 者

序言(第十三版)

本书并非是向你灌输新知识,而是帮助你深入理解现有的知识。换句话说,刷新你的基础物理知识,教会你如何应用它们,让你头脑中的物理变得鲜活起来,这才是我的本意。为此,本书大量运用了各种奇思妙想、脑筋急转弯的课题、各种奇闻轶事、有趣的实验、各种悖论和逗乐的比较。所有这些都涉及物理,并将物理与你周围的现实世界(日常生活)和科幻世界联系在一起。由于确信科幻作品最适宜彰显本书特色,书中广泛引用了儒勒·凡尔纳(Jules Verne)、赫伯特·乔治·威尔斯(H. G. Wells)、马克·吐温(Mark Twain)和其他作者的作品。除了它们本身极具趣味性外,书中所描述的精彩实验也可作为物理课堂教学的授课指导。

我尽力使叙述有趣和引人入胜。兴趣是最好的老师,它会引领你打开科学之门,更好地理解知识。

然而,在写作中我有违一些兴趣类读物的惯用技法,极少采用小把戏或有冲击力的实验来吸引读者眼球。我的目的是引导读者通过科学思维,从物理学角度来理解日常生活中的大量现象。在再版写作过程中,我力图遵循列宁指出的以下原则:"通俗读物作家应从最简单和众所周知的材料出发,借助简单的论据和醒目的实例,引导读者去了解深刻的思想和学说。他向读者显示从那些事实得出的结论,并引导善于思考的头脑去进一步思索新的问题。通俗读物作家不应预设读者不会或不愿思考,相反,他应预设那些尚未开发的读者具有运用大脑认真思索的意向,帮助他们开展认真和努力的思考,引导他们迈开步子并教会他们继续独立前行。"(《评"自由"杂志》,《列宁全集》,第 5 卷,第 311 页,莫斯科,1961)

基于众多读者对本书创作历史的浓厚兴趣,在此列出有关的重点。

四分之一世纪前,《趣味物理学》首度问世,它是我创作的系列科普丛书中的第一本。至此,本书的俄文版已经印刷了 20 万册。它们被陈列于公共图书馆的书架上,拥有数以百万计的读者,我曾收到来自苏联边远地区的读者来信。乌克兰语译本于 1925 年出版,德语和意第绪语(Yiddish)译本在 1931 年出版。后来,摘引版相继在法国、瑞士、比利时出版,乃至还出版了希伯来文版。

本书的普及吸引了大众对物理学的兴趣,这也促使我特别注重本书的品质,因而在重版中作了许多修改。25 年来,本书不断再版,最新版几乎只保留了原版的一半文字,原插图则一幅也没被采用。有些读者要求限制修订再版,这样他们就不必为几十页的新内容去购买每个新版本了。然而,这很难改变我尽力完善该书的初衷。总之,本书是普及型科学著述,而非科幻作品。基础物理科学知识本身在不断充实和丰富,而这必须体现在本书之中。

另外,我也常收到如下一些批评,说《趣味物理学》为何不涉及诸如无线电工程、核裂变、近代物理等领域的最新成果。这些批评的确是一种误解,因为这些领域的成果另有专著论述,而本书,如前所述,自有其确定的目标和任务。

除了《趣味物理学》,我还有若干相关的其他作品。《物理学起步》是其中之一,该书是为从没系统学习过物理的外行编写的。另外两本的对象则是学习过中学物理课程的读者,它们分别是《趣味力学》和《弄懂你学过的物理吗?》,后者就是本书的续编。

雅·别莱利曼

编者按

作为一本经久不衰的科普译著,别莱利曼的《趣味物理学》曾对我国读者产生过广泛影响,近年来又陆续出版过不少中译本。上海教育出版社这次推出的新版采用了编译的方式,以配合目前课程和教材改革的需要。

首先,原著中插图的清晰度低,无法呈现关键细节,这会影响读者对问题的理解,故新版摒弃了原图拷贝的方式,代之以全部重新绘制来提升阅读感受。

其次,在每章后面增加了"物理小辞典"栏目,将本章涉及的物理学概念、原理和规律简明地列出。其目的是为读者在课内学习(或教学)和课外阅读间搭建一座便桥,期望读者利用这条检索相关物理知识的便径,加深对书中所呈现丰富多彩现象的理解。

最后,在忠于原著的前提下在部分译文后添加了简明的注释,目的是帮助读者从不同角度理解原文阐述的内容。例如,人站在台秤上动作时视重会发生变化,原文是从肢体肌肉用力的角度进行阐释的,对此在注释中用牛顿第二定律进行了简明推导解释,以帮助读者从另一视角理解同一现象。

总之,期盼上述老著新译的尝试会给读者带来些许不同的阅读体验。

目录

第一章 速率和速度 运动的合成

1.1 我们运动得有多快

一名出色的田径运动员能在 3 分 50 秒内跑完 1 500 米。1958 年 1 500 米赛跑的世界纪录是 3 分 36.8 秒，一般人在正常步行时每秒走 1.5 米，而这个田径运动员比赛时每秒能跑 7 米。显然这两个速率无法绝对地相比。因为你能以 5 千米/时的速率步行数小时，而运动员只能在很短的时间内保持他的速率。急行军时，步兵行进的速率仅为运动员比赛时速率的三分之一，约 2 米/秒或 7 千米/时，但他们却能以这一速率行走很长的距离。

如果将我们人类正常步行的速率和蜗牛、乌龟等众所周知的缓行动物相比较，那真是非常有趣。蜗牛的移动速率是 1.5 毫米/秒或 5.4 米/时，仅仅是你步行速率的千分之一，称得上是慢移冠军！而另一种典型的缓行动物乌龟，它的移行速率也快不了多少，约为 70 米/时。

与蜗牛和乌龟相比，你当然敏捷多了，但就算与周围动得不太快的东西相比，你也会被大幅超越。确实，你运动的速率能轻易地超越在平原上流淌着的河水，或者只比吹拂过脸庞的微风略逊一筹。但倘若你想追上以 5 米/秒飞行的苍蝇,恐怕只能在雪地上滑雪了。若是你要追赶一只野兔或猎犬,即便是快马加鞭也无济于事。若是想要跟老鹰较量,那你只能坐着飞机和它们一较高低了。

然而,人类借助自己发明的机器,可以使运动速率独占自然界中的魁首。例如在水中,不久前我国下水的水翼客轮(见图 1-1),其速率可达到 60~70 千米/时。

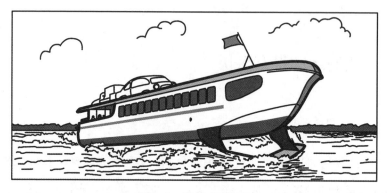

图 1-1   快速水翼客轮

在陆地上,通过乘坐火车或汽车(见图 1-2),你可以运动得比在水上更快,速率可达到甚至超过 200 千米/时。

图 1-2   吉尔-111 轿车

在空中,现代飞机的速率远超汽车、轮船。我国许多航线上大型图-104(见图 1-3)和图-114 客机的航速可达 800 千米/时。之前,飞机设计师们还在寻求方法以突破"声障",即 330 米/秒。而今,超音速已经实现,小型超音速喷气式飞机的航速可达到 2 000 千米/时。

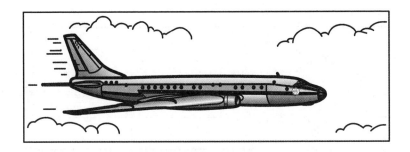

图 1-3　图-104 客机

　　现在，人类制造的运载工具可以达到更快的速率。人类第一颗人造地球卫星的初始发射速率大约为 8 千米/秒（即第一宇宙速度）。其后，又发射了航天火箭，它在地面的初速率已超过 11.2 千米/秒，该速度被称为"逃逸速度"（即第二宇宙速度）。

　　下表给出了一些有趣的速率数据。

一些物体的速度大小

	米/秒	千米/时
蜗牛	0.001 5	0.005 4
乌龟	0.02	0.07
鱼	1	3.6
步行者	1.4	5
骑兵缓行	1.7	6
骑兵小跑	3.5	12.6
苍蝇	5	18
滑雪	5	18
骑兵疾驰	8.5	30
水翼船	16	58
野兔	18	65
鹰	24	86
猎犬	25	90

	米/秒	千米/时
火车(普慢列车)	28	100
吉尔-111 轿车	50	180
赛车(纪录)	174	626
图-104 客机	220	792
空气中的声音	330	1 188
超音速喷气式飞机	550	1 980
地球公转	30 000	108 000

1.2　与时间赛跑

如果你早上 8 点整从海参崴飞往莫斯科，能不能在同一天早上的 8 点到达莫斯科呢？

这可不是胡说八道，而是完全可能发生的事情，因为海参崴和莫斯科有 9 个小时的时差。[1] 所以如果飞机在 9 个小时后抵达莫斯科，那正好是莫斯科时间早上 8 点整。因为两座城市之间的距离约为 9 000 千米，飞机只要保持 1 000 千米/时的速率向西飞就能完全实现。

当飞机在北极圈附近飞行时，即使速度较小，也可以"追上太阳"（确切地说，是"追上地球的自转"）。例如，当飞机以 450 千米/时的速度沿北纬 77°向东飞行时，这个速度大小与该纬度处的地球自西向东的自转

1　海参崴位于莫斯科的东边，时间比莫斯科早 9 个小时。当你早上从海参崴起飞时，莫斯科的居民还在酣睡呢！——译者注

线速度相同,就可以说"追上太阳"了。如果你乘坐的飞机沿适当的方向飞行,便可看到太阳一动不动地高挂在空中。

要追上绕地球公转的月球,就更不是什么难事了。月球绕地球公转一圈的时间是地球自转一圈时间的 29 倍之多,所以月亮转得慢(此处是指角速度,而不是线速度)。普通蒸汽轮船只要保持 15~18 节[1]的航速,便可在中纬度地区"追上月亮"。

马克·吐温在他的游记《傻子出国记》(*The Innocents Abroad*)中提及了这一现象。当时,他正坐船从纽约横渡大西洋前往亚速尔群岛。"不过多半时候,我们碰到的倒是爽适的夏季天气,黑夜的天气甚至比白天还好。我们碰到件怪事,天天晚上老时间,一轮明月总挂在天际老地方。开头我们并没想出月亮这古怪行径是什么道理,后来我们想起每天时间都要快二十分钟,因为我们在朝东迅速开行;每天快的时间,恰好赶上月亮运动的时间,这时我们才懂得这层道理。"

1.3　千分之一秒

对我们人类来说,千分之一秒,似乎只是时间长河中微不足道的沧海一粟而已。其实在实际应用中,这一数量级的时间间隔也是近年来才越发变得重要起来。古时候,人类还在依靠太阳在空中的位置和阴影的长度来估计时间早晚(见图 1-4),他们对一分钟的长短当然毫无概念,

---

1　专用于航海的速率单位,1 节约为 1.85 千米/时。——译者注

也压根没把测量一分钟长短的时间放在心上。

图 1-4　怎样根据日高(左)和影长(右)估计时间

古时候生活节奏如此之慢,诸如日晷、沙漏等当时的计时工具上都没有分钟的刻度(见图 1-5)。直到 18 世纪初,计时工具上才出现分针。至于秒针,则到 19 世纪初才出现。

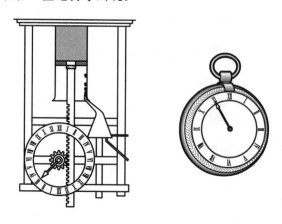

图 1-5　古代水钟(左)和老式怀表(右)都没有分针

回到千分之一秒的话题,在那么短的时间间隔内能发生什么呢? 那可实在太多了。在这一丁点时间中,蒸汽火车只能开 3 厘米远,但声音可传播 33 厘米,超音速飞机可飞行 50 厘米,地球可以绕太阳转动 30 米,而光则可传播 300 千米。

对我们周围的一些微小生物而言,千分之一秒并非短暂到微不足道。千分之一秒对许多昆虫来说是一个相当可观的时间,例如蚊子在你耳边振动叶翅发出嗡嗡声时,它每秒钟扇动叶翅 500～600 次,因此在这千分之一秒内,蚊子正设法举起或落下它的叶翅呢。

　　当然,人类的四肢不可能运动得像昆虫翅膀那么快。"眨眼"应是人体最快的动作了。眨一次眼的时间之短,我们几乎觉察不到视野短暂的模糊。所以,我们常用"一眨眼"来形容时间之短。但如果以千分之一秒间隔来测量人眼的运动,那么眨一次眼的时间却变得相当漫长了。根据精确的测定,眨一次眼的时间是 0.4 秒,即 400 个千分之一秒。这一过程可分为三个阶段:在一开始的 75～90 个千分之一秒内垂下眼皮;在接下来的 130～170 个千分之一秒内合上眼皮休息;在最后的 170 个千分之一秒内又抬起眼皮。这样看,"眨眼"还真是个可观的时间间隔呢!其间眼皮甚至还来得及稍许休息一下。如果我们能拍摄到千分之一秒内物体运动的影像,那么在一眨眼之间,便能捕捉到两次眼皮垂合的平稳运动及其闭合静止的画面。

　　总之,如果能做到这点,我们对周边世界的认知将大大改观。如同作家赫伯特·乔治·威尔斯在《新型加速剂》(*The New Accelerator*)中所描述的那样,形形色色的奇观怪象会展现在眼前。作品的主人公喝了一种神奇的药物,这使他能看到极快的运动,一系列静止和分离的画面会定格在他眼前。以下是其中一段的摘录:

　　"你可曾看到窗前的帘子像这样停在那儿?"

　　我顺着他的目光看去,在微风吹拂下拍打着的窗帘一角高高地悬停在那儿。

　　"从没见过,太神奇了。"

　　"那么这个呢?"他边说边将握着玻璃杯的手指松开。

　　玻璃杯一定会马上粉身碎骨,这一闪而过的念头吓到了我,但玻璃杯却悬在半空中不动。科普利说:"一般来说,自由下落的物体在第 1 秒内下落约 5 米。因此这个杯子在第 1 秒内也会下落约 5 米，但当你看到它时，它下落了百分之一秒还不到呢。"[在下落的第 1 个百分之一秒内，杯子并非下落了第 1 秒内下落距离的百分之一，而是万分之一（根据自由落体运动公式 $s = \frac{1}{2}gt^2$），即 0.5 毫米。而在下落的第 1 个千分之一秒内，它只下落了 0.005 毫米。]

"这仅仅是让你见识了一下我的加速剂。"他一边说，一边让手臂在缓缓下落的杯子上下打着转。

最终，在杯子快要掉到地面时，他接住了它，然后小心地把它放在桌子上。"呀？"他看着我开始大笑……

我向窗外望去。一个低着头的骑车人和车轮扬起的尘土凝固在那儿，他似乎在使劲追赶一辆同样不动的马车……

我们走到马路上，看见眼睛如雕像般凝固住的来往行人。马车的轮子，马腿，挥动着的鞭子，甚至打哈欠的车夫的下颌，这些明显在动的东西似乎都像木头般停止不动。除了从一位男士喉咙中发出的轻微咕噜声外，一切都是静悄悄的。骑车人、车夫和其他 11 个人似乎都凝固在那里……

一位紫脸的小绅士僵在那里，看来此刻他正努力在风中叠起一张报纸。许多行人的呆滞样子都证明确实有一阵风吹过……

就那些人而言，就整个世界而言，我所说的、所想的、所做的一切，都发生在我血液里的加速剂开始起作用之后的一眨眼……

你知道现在科学家能测量的最短时间是多少吗？ 在 20 世纪初，科学家能测量的最短时间为万分之一秒。而到今天，科学家能测量千亿分之一秒（10 的 11 次方分之一），这一时间间隔在一秒中的大小相当于 1 秒时间在 3 000 年中的大小！

1.4　高速摄影

当赫伯特·乔治·威尔斯在写上面的故事时，他一定不会想到故事中的场景在现实中也可以看到，但他确实在有生之年见证了这一切。这种技术被称为高速摄影技术。

相比于普通电影摄影机每秒拍摄 24 帧画面，[1] 高速摄像机每秒拍摄的画面是普通摄影机的许多倍。[2] 拍摄完成后，将记录的内容再以每秒 24 帧的速度播放出来，于是我们便看到了物体一瞬间的运动被分解成各种滞延的慢动作。现在，借助更为复杂的高速摄影技术，我们能一窥比赫伯特·乔治·威尔斯小说中更虚幻的场景。

1.5　我们什么时候绕太阳运动得更快

巴黎的一家报纸上曾刊登过如下一则广告，"你只要支付 25 生

1　放映机以每秒 24 帧画面回放时，由于视觉暂留效应，我们看到的是物体连续运动的影像，而非一个个分离的画面。——译者注

2　"高速摄影"是拍摄速度很快、曝光时间很短的一种摄影方法。早期高速摄影每秒可拍摄超过 128 帧画面；现在，每秒至少可拍摄 1 000 帧，最多可达每秒 20 亿帧。——译者注

丁，[1]便可获得一个既经济又舒适的旅行方式！"一些傻瓜如数寄去钱款，但只收到了如下一封回信：

> "先生，请静静地躺在床上休息吧，记着地球正在转动着，在位于北纬49°的巴黎，您正在以每天25 000千米的速度前进呢。若想欣赏沿途美景，只需打开窗帘，就可看到窗外随时变化的灿烂星空。"

寄这些信的人最终被捕，并被指控欺诈。其后的故事是：在他静静地听完判决和交付了罚款后，他居然摆出一副夸张的姿势，理直气壮地重复着伽利略的名言——"它是在转呀！"

从某种意义上，他讲得确实没错。地球村的居民不仅跟着地球一起自转"旅行"，还随地球以更大的速度绕太阳运动呢！在自转的同时，地球还以30千米/秒的速度载着其上的居民在宇宙中移动呢！[2] 这就引出了另一个有趣的问题：我们何时绕太阳运动得更快呢？是白天还是晚上？

这个问题提得有点令人费解，不是吗？毕竟当地球的一边是白天时，另一边肯定是黑夜。但不要认为我提出了一个毫无意义的问题并放弃思考。我想问的并非地球本身何时转动得更快，而是地球上的物体何时在太空中运动得更快些。这是两码事。

在太阳系中我们同时参与了两种运动：一是随地球绕太阳公转，二是绕地轴自转。这两种运动叠加，使得我们并不总是以同一速度在太空中运动。这取决于我们是位于地球向阳的一边，还是背阳的一边。

观察图1-6：由于地球自西向东绕轴自转，同时也绕太阳逆时针公转（从北极上空看），因此在地球午夜一侧，地球自转速度方向与地轴绕

1　1法郎等于100生丁。——译者注
2　这里指公转。——译者注

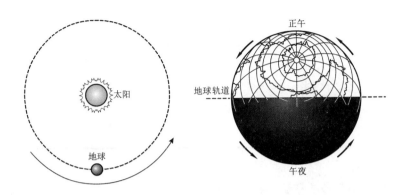

图 1-6　地球黑暗一边，比日照一边绕日移动更快些

日公转方向一致，所以合速度为两者相加。而在正午一侧，情况正好相反，合速度为地轴绕日公转速度减去自转速度。地球赤道处的自转速度约为 0.5 千米/秒，所以在赤道处，我们在太阳系中的运动速度，午夜时分比正午时分约快 1 千米/秒。

假如你的几何知识还行，就很容易估算出以下结果：在位于北纬 60°处的圣彼得堡，地球在太阳系中的速度午夜时只比正午时快了约 0.5 千米/秒。[1]

1　地球自转时，其上物体沿着它所在处的纬度线绕地轴做匀速圆周运动。它的转动速度（此处为线速度，下同）大小为 $v = \dfrac{2\pi r}{T}$。式中，r 是圆周半径，是该处到地轴的垂直距离，故 $r = R\cos\alpha$，R 是地球半径，约等于 6 370 千米，α 是纬度角；T 是地球自转一周的时间，约为 24 小时。由此可计算出，物体在不同纬度处的转动速度不同：在纬度为 0° 的赤道处，转动速度约为 463 米/秒，近似取为 0.5 千米/秒；在纬度 60° 处，转动速度约为 231 米/秒，近似取为 0.25 千米/秒；在纬度为 90° 的两极处，转动速度为零。所以，在两极处，午夜和正午时物体对太阳的运动速度相同，即为地球的绕日公转速度。——译者注

1.6 车轮之谜

把一小张彩纸粘贴在推车或自行车轮子的边缘,然后让车动起来。仔细观察这张纸片你会发现,当纸片接近地面时你还能看清它,但当它转到轮子上方时却一闪而过,几乎看不到它。这是否说明了车轮的上半部比下半部运动得更快些呢? 的确是这样。观察一下正在前行的自行车车轮就能得到验证,车轮上半部的辐条几乎连成一片,而下半部的辐条却根根分明。

事实上,转动的轮子顶部确实比底部运动得更快些。尽管难以置信,但解释起来却非常简单。车轮上的每一点都同时参与了两种运动:绕着轮轴的转动和与轮轴(即整个轮子)一起向前的运动。这种情况与地球一样,绕地轴自转的同时又绕太阳公转。两种运动的合成,导致了车轮顶部和底部不同的运动结果。在顶部,车轮前行的平动速度与该处绕轴的转动速度方向相同,所以两者相加才是该处相对于地面的速度。而在底部,两个速度方向相反,相对于地面的速度等于前行速度中减去转动速度。所以,在地面上静止的观察者会看到轮顶比轮底运动得要快。

一个简单的实验就能轻易证明以上结论。如图 1-7 所示,将一根木棒竖直插在静止车轮边的地上,让轮轴正对木棒,用煤块或粉笔在车轮的顶端和底部标上记号。然后推动车轮,让轮轴向前移动 20~30 厘米,观察车轮上标有记号的两处各自移动了多少距离。你会发现,轮顶的记号明显比轮底的记号移动得多。

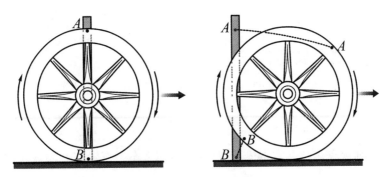

图1-7　转动车轮，将轮缘上 A 和 B 两点移动的距离作比较，由此证明车轮上缘比下缘运动得快

1.7　车轮上哪处运动得最慢

　　既然你已明白在前行的转动车轮上，并非每一点都有相同的速度，那么哪一点运动得最慢呢？正是车轮与地面接触的那点！严格地讲，如果车轮与地面不打滑，那么在接触地面的瞬间，该处相对于地面是静止不动的。[1]

　　以上解释仅对滚动前行且不打滑的车轮有效。对于转动轴固定的轮子，例如飞轮，同一半径处各点的速率是相同的。

1　在极短时间内，车轮转动角度为 θ，在地面上滚动前行的距离等于 θ 所对应的弧长，所以轮轴的前移速率恰好等于轮缘上的点的转动速率。对于轮缘与地面的接触点，其前行速度的方向正好与转动速度相反，两者相减为零，因此接触点的对地速度为 0。——译者注

1.8 脑筋急转弯

　　一列火车正从圣彼得堡开往莫斯科,那么车上有没有相对铁轨向相反方向运动的点呢? 还真有! 所有前行火车的轮子上,每时每刻都有这样的点。

　　它们是火车轮子边缘上凸出的一圈窄边的底部。(火车轮的边缘上都有一圈向外凸出的窄边,卡在铁轨内侧以防止火车脱轨,它叫轮缘,半径略大于与轨道表面接触的踏面半径,如图 1-8 所示。)当火车前行时,这圈窄边的底部会向后运动。通过图 1-9 所示的简易实验可帮助你弄清其中的缘由。用黏纸将一根火柴粘在一枚硬币的半径位置,使火柴头向外伸出一段。沿桌边放一把直尺作为轨道,将看作车轮的硬币垂直放

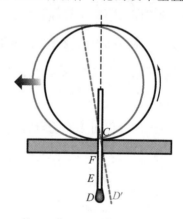

图 1-8　当车轮向左滚动时,凸出边缘的底部向右运动

图 1-9　当硬币向左滚动时,火柴上露出硬币边缘的 F、E、D 点向右运动

在尺边的 C 点。向一个方向滚动硬币,你会看到火柴上的 F、E 和 D 点并不向前运动,而是向后运动,最底部的火柴头向后运动得最明显,从位置 D 移至 D'。

显然,实验中火柴凸出硬币的那一截的运动与火车轮缘的运动相仿。虽然对于轮缘而言,这一向后的运动在一秒中只持续了很短的时间。在图 1-10 中,比较车轮上两个点的运动轨迹。前行的火车上某些点是向后运动的,这似乎有违平时的习惯思维,但确实不假。[1]

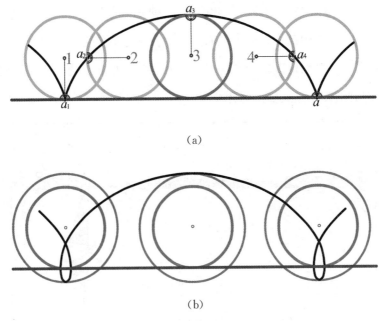

(a)

(b)

图 1-10　(a)曲线显示车轮与轨道表面接触的某点的运动轨迹。
(b)曲线显示车轮凸起边缘底部某点的运动轨迹。轨迹线中有一小段
显示该点在向后动,你能看出来吗

1　假设车轮匀速转动,且与轨道表面接触的 A 点到车轴的距离为 r,轮缘底部 B 点到车轴的距离为 R。车轴前行速度等于 A 点的转动速度,为 $\dfrac{2\pi r}{T}$,T 为车轮转动一圈的时间。而 B 点向后的转速为 $\dfrac{2\pi R}{T}$,与车轴前行速度相反。因为 $R>r$,所以 B 点的合速度向后。——译者注

1.9　帆船从哪儿驶来

　　一艘划艇正在平静的湖面上沿着平行于湖岸的方向划行,图 1 - 11 中的箭头 a 表示它的速度。与此同时,一艘帆船正从对岸沿着垂直湖岸的方向驶来,图中箭头 b 表示帆船的速度。这是你站在岸上时看到的景象,你会理所当然地判断帆船是从对岸的 M 点处出发的。但在划艇上的人看到的却不是这样。为什么呢?

图 1-11　划艇和帆船沿相互垂直的航线前行,箭头 a 和 b 分别表示它们的速度。在划艇上的人看到帆船是从哪儿驶来的呢

　　划艇上的人并不认为帆船正垂直于自己的航向驶来。这是因为他并没有意识到自己也在运动,而是认为自己是静止的,周边的一切正以

划艇的速率向相反方向运动。所以,在他看来,帆船除了以速度 b 向自己驶来以外,同时还以与划艇相同的速率沿着划艇航向的反方向向自己靠近,如图 1-12 中从帆船出发的虚线箭头 a 所示。按矢量的平行四边形法则,将这两个分速度叠加,其结果是划艇上的人看到帆船正以平行四边形对角线的方向靠近自己。[1] 所以划艇上的人认为帆船并不是从对岸的 M 点,而是从其前方的 N 点出发的。[2]

图 1-12 划艇上的人认为帆船从对岸 N 点出发,沿着倾斜的航向靠近自己

与划艇上人误判帆船的出发点一样,由于我们随着地球一起在太空中运动,所以也会误判星星在太空中的位置。因此,恒星的位置更靠近地球的运动方向而非其实际所在。天文学上将这一位置偏移称为“光行差”。当然,与光速相比,地球的运动速度微不足道,比光速的万分之一

---

1 即以划艇为参照物,帆船的运动方向是其同时参与的两个分运动的合速度方向。——译者注

2 即帆船合速度的反向延长线与岸的交点。——译者注

还小。所以,一般情况下这一偏移很难被观察到,但在天文仪器的帮助下,我们的确能找到这一偏移。

如果你还想继续钻研一下,那么试着回答以下两个相关问题:(1)帆船上的人看到的划艇的航行方向是什么?(2)帆船上的人判断的划艇的目的地是哪儿? 你只要如图 1–12 那样,在划艇上作一个速度合成的平行四边形,它的对角线就表示划艇的航向。在帆船上的人看来,划艇正沿此方向倾斜驶来,它似乎还要靠岸呢![1]

📚 物理小词典

标量和矢量

标量:只有大小没有方向的量,如路程、时间、温度、质量、能量等。标量合成遵循代数法则,例如 2 + 3 = 5。

矢量:既有大小又有方向的量,如速度、力等。矢量合成遵循几何法则,即平行四边形法则(或三角形法则),平行四边形的两条邻边分别表示相加的两个矢量,对角线表示矢量和,即合矢量。当两个矢量沿同一直线时,若两者方向相同,合矢量大小为两者相加,方向与分矢量一致;若两者方向相反,合矢量大小为两者之差,方向与数值较大的分矢量一致。

机械运动

物体在空间中的相对位置随着时间而变化。

速率和速度

速率:描述物体运动快慢的标量。

---

1 即以帆船为参照物,观察划艇的两个分运动的合速度。——译者注

$$v = \frac{s}{t} \quad (s\ 为路程, t\ 为时间)$$

速度:描述物体运动快慢和方向的矢量。

时差和时区

(地方)时差:地球自西向东自转一周(24 小时),地球上不同经度处日出、日落的时间存在差别,这就是时差。

时区:地球上不同经度的地方时不同,因此划分为不同时区。地球上划分有 24 个时区,$360°/24 = 15°$,故每隔经度 $15°$ 便划分为一个时区,相邻时区的时差为 1 小时。

参照系

又称参照物,指描述物体位置和机械运动时,选定的相对静止的物体或坐标系。

运动的相对性

对同一物体运动的描述,由于所选取的参照系(或参照物)不同,得出的结论也不同。

运动的合成

从同一参照系观察某物体时,物体可同时参与几个分运动,从已知的分运动求合运动的过程称为运动的合成(例如速度的合成)。运动的合成遵循矢量合成的平行四边形法则。当两个分速度沿同一直线时,合速度大小为两者相加或相减,方向与数值较大的分速度相同。

第二章 重力和重量 杠杆 压强

2.1 试着站起来

当你坐在一把椅子上时，如果以某种特定的动作起身，即使没把你绑在椅子上，你也站不起来。这可不是在开玩笑，不信，你试试。现在请按图 2-1 中的男孩那样：挺直背坐在椅子上，双脚不要塞在椅子下方，

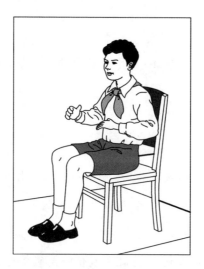

图 2-1 坐在椅上时，以这样的姿势肯定站不起来

不能前倾上身,也不能移动双脚,试着站起来。但不管多么使劲,你也站不起来,除非你把脚放在椅子下面或者让上身前倾。

想弄清楚其中的道理,我们需要先了解一些关于物体(尤其是人体)平衡的知识。只有经过物体重心的重垂线穿过它的支面,物体才不会倾倒,因此像图2-2所示的倾斜圆柱体肯定会倾倒。而只要重垂线还落在支面范围中,哪怕物体(或身体)是倾斜的,它也不会倾倒。著名的比萨斜塔、博洛尼亚斜塔,以及阿尔汉格尔斯克钟楼(见图2-3)都是斜的,但它们并没有倾倒,就是这个道理。当然,这些建筑的地基都深扎于地底,这也是一个原因。

图2-2 圆柱体由于重垂线超出其支面而倾倒

图2-3 阿尔汉格尔斯克钟楼

当你站立时,若从重心向下的重垂线在你双脚外缘围起来的底面之内(见图 2-4),则这样直立着就很稳当。

图 2-4　人站立时,重垂线位于由鞋底外缘围成的区域内

　　但你若单腿独立,那就很难站稳了。杂技演员要在绷紧的钢丝上保持平衡就更难了。这是由于我们的支面太小,从重心向下的重垂线很容易越出支面。你注意过老水手走路时那奇怪的步态吗? 他们长年在海上航行,在摇晃的甲板上走路时,如果按照正常走路的方式,一不小心重垂线就会越出支面。所以他们走路时会习惯于把双腿扒开,这样才能增大双脚间支面的范围,使重垂线不易越出支面,从而防止摔倒。久而久之,在颠簸的船上行走时形成的步态被带到了陆地上。老水手那蹒跚的步态便成了他职业生涯的标志。

　　还有一种与此相反的情况,那就是以一种端庄的姿势来保持平衡。例如头顶重物走路时的姿态。头顶水罐的女子行走时的姿态就很优雅。她们必须保持头部和身体挺直才能平稳行走。这是因为头顶重物使整个重心提高,头和身体稍有倾斜,重垂线便会越出支面,失去平衡。

　　现在,再回到本节开始时提出的问题。人坐着的时候,重心位于肚脐上方 20 厘米的脊柱处,所以人坐在椅子上时,经重心向下的重垂线通过双脚后方椅子下的区域。而当人站稳时,重垂线须通过两脚之间的支面。因此,要从坐姿变到立姿,你必须前倾上体或后移双脚。身体前倾时,重心向前移动;双脚后移时,支面后移,这样重垂线便移到支面上,你就能站起来。所以,如果肢体一动不动,你无论如何都站不起来。

2.2　步行与奔跑

　　人们通常认为自己对一生中每天都要重复成千上万遍的事再了解不过了,而事实并非如此。以走路和奔跑这两个熟悉的动作为例,究竟有多少人对这两个动作的过程及区别有清晰的了解呢？让我们看一下运动生理学家对此的分析,他的描述肯定会让你感到非常新奇。(文字摘自保罗·伯特教授的动物学讲座,插图是我自己绘制的。)

　　可用图 2-5 所示的步行分解动作来说明。这相当于先用高速相机拍摄步行,然后再用常速放映。这样,步行过程中肢体运动的细节便可展现在眼前。

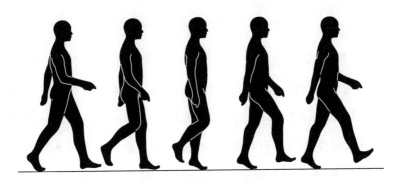

图 2-5　人步行时连续的肢体位置

　　"设想某时刻一个人的左脚完全着地,并抬起右脚跟,这样身体会前倾,重心前移。此时,他的重垂线已越出原来的支面,这难道不会向前倾倒吗？放心,此时抬起的右脚离地悬空,并及时前跨一步。

右脚跟着地后，双脚间围起的支面移前，重垂线又落在这个新的支面中，你便站稳了。接下来，右脚掌完全着地后，左脚跟抬起，身体前倾重心又前移。此时，左脚离地悬空，及时前跨一步，又将支面前移。于是，你又站稳了。周而复始，整个过程中肢体在不断地从失稳到复稳间交替。与此同时，身体的重心便一步步前移。"

图 2-6 是对步行时双脚运动的详细分解图。线 A 表示左脚，线 B 表示右脚。直线表示脚着地，曲线表示脚离地。在时间段 a 中，双脚同时支撑在地面上；在时间段 b 中，左脚抬起，右脚着地；在时间段 c 中，双脚又同时着地。走得越快，时间段 a 和 c 越短。（可与图 2-8 的奔跑的图比较。）

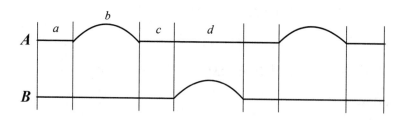

图 2-6　步行时双脚运动的图解

"现在，让我们进一步深入分析一下步行中肢体运动的细节。假设左脚已向前迈出了第一步，在这一瞬间，右脚仍在地面上，而左脚刚着地。如果步距不是太小，此时右脚跟正抬起，这使人体稍前倾而改变原来的平衡状态（失稳），同时左脚的脚跟则刚刚踩到地上。接着，当整个左脚掌踏在地上时，右脚已抬起离地。此时，原来在膝盖处稍弯曲的左腿，由于股三头肌的收缩而完全挺直，半曲的右腿便能带动离地的右脚向前迈开。接着，右脚跟着地时左脚跟抬起离地，准备向前跨出下一步。此时只有左脚的脚趾踩在地上，左脚即将离地向前跨出下一步。步行时，左右脚不断循环重演前述的一连串动作。"

"奔跑与步行不同之处在于：原来那只站立在地面上的脚的前掌会向后更使劲地蹬地，凭借肌肉的突然收缩，在很短的瞬间内身体完全腾空跃向前方。与此同时，另一条腿在空中大幅向前迈越。接着，随着前迈腿的着地，身体落回地面。其后，落地腿又重复上述使劲蹬地使身体腾空前跃的动作。所以，奔跑是双脚连续交替前跃的动作过程。"（见图 2-7）

图 2-7 奔跑的过程。奔跑中人体的一系列体态，其中某一瞬间双脚均离地

图 2-8 为奔跑时双脚动作的详细分解图，其中平直线段表示脚着地，弧线段表示脚离地。注意，时间间隔 b、d、f……显示双脚同时离地，这是奔跑与步行的不同之处。

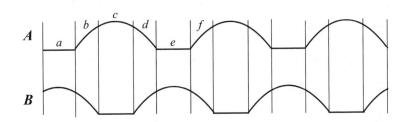

图 2-8 奔跑时双脚动作的图解（与图 2-6 比较一下）

最后简要地从力和能量的角度看一下步行和奔跑的区别。在步行或跑步时，脚用约 200 牛的力踩地或蹬地，这比人站立时对地的压力大（站立

时对地压力等于体重)。所以,地面会同时将相同的力沿反方向作用于人体。人在平路上步行时所耗的能量,也并非小到可以忽略不计,因为每走一步,人的重心就要提升好几厘米。计算表明,人在平路上步行一段距离需做的功,相当于将他身体向上提升相同距离所做功的十五分之一。

2.3 怎样从行驶的车辆中跳下来才安全

对于这个问题,绝大多数人会这样回答:根据惯性定律,应当沿着车行驶的方向向前跳。如果接着再问:向前跳安全是由于惯性吗?请解释一下。他肯定会自己也困惑起来,因为根据惯性,应该向车行驶的反方向跳才对呀!事实上,惯性是次要的。如果忽略向前跳的原因(这个原因与惯性无关),我们就会认为需要向后跳,而不是向前跳。

假设单纯从惯性的角度分析。当从行驶的车上跳下时,由于惯性你有一个与车相同的前行速度,并有向前倾倒的趋势。如果向前跳,你的着地速度等于车速加上跳出的速度,所以比车速还要大。那不就应该向后跳吗?向后跳时,你的着地速度等于车速减去跳出的速度,比车速小,这样你身体受到的倾倒冲击不就更小些吗?

但是根据经验,跳离行驶车辆时都应面向车运动的方向,即向前跳。这确实是久经时间验证的最佳下车方式。千万不要尝试向后跳,否则后果会很糟。

那么,经验结论与前面根据惯性的分析是否矛盾呢?不尽然,事实上不管向前跳还是向后跳,你都有跌倒的危险。这是因为你着地时脚突然静止,而身体还在运动。向前跳车时身体的运动速度甚至比向后跳时还大一点呢。然而,向前跳车确实比向后跳更安全,这是因为向前跳是面朝跌倒方向,向后跳是背朝跌倒方向。向前跳时,你的腿会自然地迈向前方,着地后甚至还要向前跑几步才停下。这就像走路,是一种生理习惯,我们无须思考便会这样做。前面从力学角度曾分析过,步行就是一系列前倾失稳和另一条腿前迈帮助复稳的过程。如果你向背后倒下,另一条腿一点忙也帮不上,身体不可能复稳。所以,向后跳很难站稳,更危险的是仰面跌倒时头部还可能受到很大撞击。反之,如果前倾跌倒,你还能通过双手支撑得到缓冲,减小撞击力。

由此看来,向前跳更安全主要与我们自身的肢体动作有关,并非完全由惯性决定。当然,这一规则仅适用于人体,对乘客的物品来讲就另当别论了。例如,从行驶的车上向外扔一个瓶子,向前扔比向后扔粉碎的可能性更大。所以,如果你要带着一包物品跳车,先把包向后扔出车,然后自己再向前跳离车。那些电车上的老售票员和检票员,往往脸朝前、身体向后跳离即将停下的车厢。这样做有两个好处:首先,向车后跳减小了脚着地时身体因为惯性的向前速度;其次,脸朝向身体倾倒的方向,可以向前跨几步就站稳在地上。

2.4　抓住子弹

在第一次世界大战时曾报道过如下一则奇闻:一位法国飞行员正在2 000米高空飞行,他觉得脸旁有个苍蝇在飞,于是随手把它抓入掌中。

当他打开手掌看时却大惊失色,掌中竟躺着一颗德国子弹。这与敏豪生男爵(Baron Munchausen)[1]传奇故事中所描述的何其相似,他声称曾赤手抓住一枚炮弹。

一颗子弹不会一直以 800～900 米/秒的出膛初速度在空中飞行,空气阻力会使它的速度最后减至 40 米/秒。由于飞机以差不多的速度向前飞,所以很容易出现子弹在飞行员身边以相同速度前行的情况。此时,子弹对飞行员来说几乎是静止的,飞行员很容易用手就能抓住它。不过幸好飞行员戴着手套,因为穿越空气的子弹温度相当高。

2.5 西瓜炮弹

在前述这种特定的情况下,飞行的子弹可能已经不具有什么杀伤力了。但另一种情况是:即便是被轻轻扔出的一个不起眼的东西,也可能造成毁灭性的冲击。1924 年,在圣彼得堡—第比利斯汽车比赛中,站在路边的高加索农民兴奋不已,他们向飞驰而来的赛车手扔去西瓜、苹果等,以表达钦佩之情。但这些无害的水果竟在赛车上砸出了凹痕,还使赛车手受了重伤。这是因为相对于高速逼近的赛车,西瓜、苹果的速度等于赛车的车速加上它们被扔出时的速度,于是它们便变成了危险的弹丸。如果将一个 4 千克的西瓜扔向以 120 千米/时速度迎面驶来的汽车(见图 2-9),那它的能量与一颗飞行的 10 克子弹差不多。当然,易碎西

---

[1] 敏豪生是《敏豪生奇游记》(德国)中的主人公,他善于讲一些离奇古怪、异想天开的冒险故事。——译者注

瓜的杀伤力不如子弹。

图 2-9　向高速行驶的汽车抛出的西瓜和子弹一样危险

当飞机以 3 000 千米/时的速度高速飞行时,飞机的速度约等于子弹的速度,此时飞行员或许有机会遭遇前面所述的奇事。在超高速飞机航线前方的任何物体,对飞机来说都是具有毁灭性的。如果从另一架飞机上向高速飞机的航线前方丢下一把子弹,那么它们会以 800 米/秒的速度击中飞机(3 000 千米/时约等于 833 米/秒)。此速度与子弹出膛的速度相同,所以撞击的结果与用机枪扫射停着的超高速飞机一样。相反,如果子弹从后面射向以相同速度向前飞行的超高速飞机,那么,子弹相对于飞机几乎静止,对飞机不会造成什么伤害。

1935 年,火车司机博尔谢夫(Borshchov)曾十分机智地运用上述的相对运动原理,避免了一场撞车事故的惨剧。有一次,他驾驶火车正在俄罗斯南部的叶利尼科夫—奥尔尚卡铁路线上运行,突然看到同一轨道上前方有另一列火车在上坡,但因动力不足无法爬坡。于是那列火车的司机便将车头和车厢脱钩,把 36 节车厢留在了轨道上,自己开着车头向最近的车站驶去。但他却忘记给车厢的轮子安上制动闸来阻止它们滚动。这些车厢便开始沿坡下滑,逼近后面博尔谢夫的火车。这组下滑车厢的速度很快达到约 15 千米/时,眼看撞车就要发生。博尔谢夫急中生智,立即将车刹定并向后倒车,并逐步将倒车速度也增加到约 15 千米/时。最后那 36 节下滑的车厢稳稳当当地承接在了他车头前,没有造成任何损伤。

再介绍一个应用同样原理制作的小装置,它是一个能在行驶的火车上平稳书写的写字板。火车在经过铁轨的接合处时会产生振动,由于纸和笔无法同步振动,因此在颠簸的火车上难以平稳地写字。这就需要发明一个能使两者同步振动的装置,让纸和笔保持相对静止。

图 2-10 是这个写字板的简图,右手腕被绑在一块小板 a 上,a 能沿板 b 的插槽上下滑动,而 b 则沿着放置在火车桌子上的书写板的凹槽前后滑动。这样,不仅提供了大量活动空间使手肘活动自如,而且车厢的振动同时传递到纸和笔尖(确切地说应该是拿着笔的手),这几乎与在家里书桌上写字一样方便。但美中不足的是:你所看到的字迹有点扭曲,这是因为你的手腕和眼并没有同时接收到车厢的震颤。

图 2-10　用于在行驶列车上写字的写字板

2.6　怎样用台秤称体重

只有站立在台秤上静止不动时,你才能读到你的正确体重。一旦弯腰,台秤的读数立刻减小。这是因为弯腰时肌肉会将你的下半身向上提,使下半身对秤面的压力减小。相反,当你重新站直时,肌肉又将上下半身的距离拉开,此时下半身对秤面的压力变大,因此秤的读数也增大。

如果台秤足够灵敏,哪怕你举起一只手臂,此时台秤的读数也会增大一点。以肩膀为支点向上抬臂时,手臂的一组肌肉将肩膀和身体向下压,于是身体对秤面的压力稍稍增大,此刻台秤的读数,即你的视重便增大。如果让上举的手臂停住,另一组肌肉则将肩部上拉,使它靠近臂的上端,这就减少了身体对秤的压力,即视重又减小了。相反,如果将高举的手臂放下,此刻视重会减小。如果让放下的手臂停住,视重又会增加。所以,你可以利用肌肉群来改变身体施于秤面的压力,即视重。[1]

2.7　物体在哪儿更重些

地球对物体的引力随着物体离开地面的位置升高而减小。假设将

1　以下用力的平衡和牛顿运动定律知识分析一下这个问题。当人静止立于台秤上时,他受到重力和秤面对他的弹力两个力的作用,它们大小相等,方向相反,合力为零。而视重即秤面所受的压力。根据牛顿第三定律,秤面所受的压力与秤面对人的弹力大小相同。所以,人静止立于台秤上时视重等于人的重力。当人改变体态时,重心会上升或下降。根据牛顿第二定律,在这一过程中身体所受合力不为零。由于所受重力不会改变,所以弹力会随之改变,即视重会变化。例如,弯腰时,重心向下运动,加速度向下,因此合力向下,此时弹力变小,故视重变小;当弯腰停下来时,重心停止向下运动,加速度向上,因此合力向上,此时弹力变大,故视重变大。所以只要身体在台秤上动,台秤的读数就不等于人的体重。——译者注

1 千克的砝码提升到 6 400 千米的高处,即距地心两倍地球半径远的地方,那么在此位置,砝码所受的地球引力将减小至地表处的 $1/2^2$,即 1/4。如果在此高度用弹簧测力计测量该砝码的重力,读数只有 2.5 牛,而不是地表处的读数 10 牛。根据万有引力定律,计算地球对物体的引力时,可将地球的全部质量视为集中于地心,引力大小与地心至物体的距离平方成反比。在上例中,砝码距地心的距离增至 2 倍,引力变为原来的 1/4。假如在距地面 12 800 千米高处,即 3 倍于地球半径处,引力减少至原来的 1/9,在此位置弹簧测力计的读数只有 1.1 牛。

由此,你或许会推断:如果将该砝码置于地表下越深,引力越大,弹簧测力计的读数会增大。然而,这是错误的。情况恰恰相反,随着物体深入地下,它的重力不但不会增加,反而会减小。

道理是这样的:在地表下深处,地球对物体的引力不只来自物体下方的球体,同时也来自所有围在物体外围的那层球壳,如图 2-11 所示。经计算,对于深井中的砝码,其外围的那层球壳各部分引力的合力为零。所以,砝码可以看作只受到它下方球体的引力,这一球体半径即为地心到砝码的距离。所以,越接近地心,地球的引力也就越小,砝码受到的重力也就越小。如果深入到地心处,地球质量全都围在砝码外面,砝码受到周围相同的引力作用,它们的合力为零,即砝码受到的重力为零。总之,物体在地表处所受地球的引力最大,物体最重。无论从地表升高还是深入地表以下,它受到的重力都会减小。当然,这一结论的前提是,地球是一个密度均匀的球体。事实上,越靠近地心,地球的密度越大。因此,物体深入地表下开始一段距离,重力是逐渐增大的,其后才开始减小。

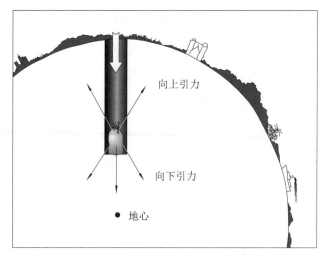

图 2-11　在地球内部,距离地心越近,所受引力越小

2.8　下落的物体有多重

你体验过电梯开始下降时那种奇怪的感觉吗? 你会感到出乎寻常地轻。如果你跌入一个无底的深渊,你也会有相同的感觉,这种感觉是由失重引起的。当电梯刚开始下降的瞬间,轿厢的底部已经开始下降,而你的身体还没达到这一下降速度,此刻你对轿厢的压力几乎为零,即视重很小。很快,这种奇怪的感觉便会消失,因为你的身体赶上了匀速下降的电梯。此时你稳稳地站在厢底上,对厢底施加压力,视重又恢复为体重。

做个实验来看一下。将一钩码挂在弹簧测力计的挂钩上,让弹簧测力计和钩码一起突然下降,观察测力计的读数如何变化。为了便于观察,可以在测力计的指针上贴一小块色纸作标记。你会观察到:当弹簧测力计突然下降时，读数明显减小，远小于测力计静止时所显示的钩码重力。如果让钩码自由下落，同时观察其读数，你会看到读数为零。

即便是非常重的物体，在自由下落时也会完全失重。理由很简单，"重量"本身是由物体向下拉悬挂物的拉力或者压向支持物的压力来测量的。一个与弹簧测力计一起下落的物体不可能再去拉伸测力计的弹簧，所以，一个自由下落的物体既不会去拉伸也不会去施压别的物体。因此问自由下落的物体有多重，这似乎是个没有意义的问题。

早在 17 世纪，力学之父伽利略就在他的《关于两门新科学的对话》（*Dialogues Concerning two New Sciences*）一书中写道："我们试图阻止扛在肩上的重物掉下来，所以才能感受到肩上的重负。但如果我们和重物一起下落，它如何再能压在我们肩上，让我们感到重负呢？这犹如手持长矛去刺前方一个与你跑得一样快的人。"

以下这个简单的实验完全可以说明这一点。将一个胡桃夹子置于天平的一个托盘上，如图 2 - 12 所示，用细线把它的一臂吊在托盘的挂钩上，另一臂置于托盘上。在另一边的托盘中加砝码使天平平衡。现在用一根燃着的火柴烧断细线，让吊着的夹子一臂下落。观察细线被烧断的瞬间，放夹子的托盘的运动情况：它是下沉，上升还是不动？知道了下落物会失重，你应当会猜得正确的结果。确实，此刻托盘会上升。

图 2 - 12　验证下落物体失重

尽管夹子的两臂是相连的,但与将整个夹子静止在托盘上时相比,悬挂的一臂下落时,夹子对托盘的压力会减小。所以,此时夹子的视重减小,于是托盘上升。[1]

2.9　炮弹奔月记

1865—1870 年,法国作家儒勒·凡尔纳出版了一本科幻小说《炮弹奔月记》(*From the Earth to the Moon*),书中描绘了一个奇幻计划:向月球发射一颗装有活人的炮弹。他对此的描述不但生动而且看来可信,以致许多读者还真想冒险尝试一下。这个计划是否真能实现?下面就来讨论一下。[2]

我们先从理论上分析一下,一颗出膛的炮弹有可能再也不落回地面吗?从理论上讲这是可能的。那么,在现实生活中为什么一颗水平射出的炮弹最终会落回地面呢?这是由于地球对炮弹的吸引力使它的弹道

1　根据牛顿第二定律,物体所受的合力会改变物体的运动状态,即产生加速度。当物体自由下落时,它所受的合力就等于它所受的重力,物体获得自由下落加速度 g,此时物体不会对悬挂物或支持物产生向下的拉力或压力,视重为零,即完全失重。当物体以比 g 小的加速度 a 下落时,合力向下,等于 $mg-T$,式中 T 是悬挂物或支持物对此物向上的拉力或支持力。$mg-T=ma$,$T=mg-ma$。根据牛顿第三定律,物体作用于悬挂物或支持物的向下拉力或压力(即视重)的大小等于 T,小于重力 mg,即部分失重。——译者注

2　众所周知,人类当今用发射火箭,而不是炮弹来实现太空之旅。然而,当最后一节发动机熄火后,火箭就在空中按自己的弹道曲线飞行。所以,别以为作者是个钻故纸堆的老古董呀!

图 2-13 怎样估算
炮弹的"逃逸"速度

向地表弯曲,所以炮弹最终会落到地面上。虽然地表本身也是弯曲的,但是子弹的弹道比地表弯曲得更厉害,所以它迟早还是要落回地面的。假如让炮弹的弹道和地表的弯曲程度相同,即它的弹道和地表的曲率一致,那么弹道便与地表平行,炮弹再也不会掉回地表,它会在以地心为圆心的圆周轨道上一直飞行,成为地球的一颗卫星"小月亮"。

那么,怎样才能使炮弹的弹道和地表的弯曲程度一致呢?只要炮弹水平射出的初速度足够大就行。图 2-13 显示了地球一部分剖面。图中一门大炮被置于山顶 A 处,它沿水平方向发射了一枚炮弹。假如没有地球引力,1 秒后炮弹会沿直线到达图中 B 点。事实上,它到了 B 点下方 5 米的 C 点,这是因为地球引力使它向下做自由落体运动,在 1 秒内它还要向地心 O 方向运动 5 米。[1] 假如 C 点恰好位于以地心为圆心、以 OA 为半径的圆弧上,这样炮弹的弹道曲线就与地表曲线一致。于是炮弹就会沿着地表同步弯曲前行,再也不会落回地面了。接下来,估算一下图中线段 AB 的长度,即炮弹在 1 秒内前行的距离,这正是发射炮弹的初速度。

图中△AOB 是直角三角形(初速度垂直于地球半径),边 OA 是地球半径,约等于 6 370 000 米,$OC = OA$,$BC = 5$ 米,故 $OB = 6\,370\,005$ 米。根据勾股定理可得,$(AB)^2 = (6\,370\,005)^2 - (6\,370\,000)^2$,所以 $AB \approx$

---

1 以地球为参照系,炮弹同时参与以初速度前行的匀速直线运动和向下的自由落体运动。合运动为二者矢量之和。——译者注

8 000 米。

　　假如没有空气阻力,炮弹以 8 千米/秒速度出膛,它便成了一颗在空中一直绕地飞行的"小月亮",再也不会返回地面了。[1]

　　如果以更大的速度发射炮弹,它会怎样飞行呢?根据天体力学可证明,当炮弹速度为 8~10 千米/秒时,它的弹道曲线是椭圆,速度越大,椭圆越扁长;当速度达到 11.2 千米/秒时,它的弹道曲线是抛物线,不再是封闭曲线了,此时炮弹会飞离地球的束缚,不再返回,如图 2 - 14 所示。所以从理论上讲,只要发射速度足够大,乘坐炮弹登月完全可行。

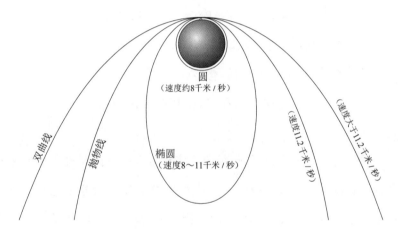

图 2 - 14　以不低于 8 千米/秒初速发射炮弹的弹道轨迹

1　物体绕地球运转的速度即第一宇宙速度,也可由牛顿第二定律和匀速圆周运动的向心加速度公式得出:

　　根据牛顿第二定律可得,$F=ma$

　　地表上方物体所受的合力 $F=mg$(g 为地表上方的重力加速度)

　　物体的向心加速度　　　　　　　　$a=\dfrac{v^2}{R}$

$$mg=m\dfrac{v^2}{R}$$

$$v=\sqrt{gR}$$

　　将 $g=9.8$ 米/秒^2、$R=6\,370\,000$ 米,代入解得 $v=8$ 千米/秒。——译者注

2.10　儒勒·凡尔纳的月球之旅

任何读过儒勒·凡尔纳《炮弹奔月记》的读者都会记得以下段落中的描述：

> 当炮弹飞越地球和月球引力相等处时，怪事发生了：炮弹中的所有物体突然失重了；乘客们纷纷飘浮在空中。

作者所描述的现象并没错，但这一场景并非只发生在小说中的特定位置。事实上，在此之前和之后，在炮弹出膛后的飞行过程中都如此。

这看似有点不可思议，但你很快会诧异怎么在阅读时没注意到凡尔纳的这一错误呢。仍以小说中的场景为例，你肯定不会忘记炮弹舱中的乘客把一条死狗丢出舱外那一幕吧。狗并没有落向地面，而是跟在炮弹后面一道前行。凡尔纳的描述和解释并没有错。由于重力作用，所有物体在空中的重力加速度都相同，所以以同样的快慢自由下落。即在重力作用下火箭和死狗都具有一样的下落速度，换言之，重力对它们的作用效果完全一样。[1] 其结果是它们一直以同样的速度在空中飞行，这也说明了为什么丢出去的死狗能跟着炮弹一道前行。[2]

凡尔纳的疏漏在于：假如死狗丢出弹舱外后不会落回地面，那它怎

1　水平射出的物体做抛体运动，这一运动可视为水平方向的匀速直线运动和指向地心的自由落体运动的合成。——译者注

2　其实这与狗的死活，或者是否丢出完全无关。——译者注

会躺在舱内的地板上呢？在舱外和舱内它所受的力相同呀！在舱内悬浮在空中的死狗被丢到舱外后也应保留这一状态，因为它一直与炮弹舱相对静止。

除了狗以外，对随炮弹一道飞行的乘客和一切物体而言，它们一直具有和炮弹相同的速度。即便在舱内没有支撑，无所依靠，它们也不会跌落。如果将一把椅子四脚朝天放在天花板下，它也不会掉落，而是跟着天花板一起前行。乘客可以在这把椅上头朝地板坐着，同样不会掉下来。除非炮弹飞行的速度比乘客大，否则他绝不会跌下来。但这种情况不可能发生，因为炮弹内的所有物体具有与炮弹相同的加速度。而这正是凡尔纳所没有考虑到的。他认为炮弹在空中时，里面的一切都仍会向下压在地板上。他恰恰忘了，重物只对相对地球静止的支持物施压。当双方在空中以相同的加速度运动时，它们并不互相施压。

总之，只要炮弹一出膛飞行，舱内包括乘客在内的一切都立刻完全失重，它们可以在舱内任意悬停漂浮。单凭这一点，乘客便可判断炮弹正在空中高速飞行，还是仍在炮膛之中。然而，凡尔纳在书中的描述是：在炮弹射入空中半小时后，不管如何努力，舱中的乘客们仍无法确定究竟是否已经出发。

"尼科尔，我们在动吗？"

尼科尔和巴比坎相互看了眼，他们还不曾为炮弹所困惑。

"喂，我们到底在飞了吗？"阿尔登重复问了下。

"会不会仍静静地停在佛罗里达的地上呢？"尼科尔反问道。

"那会不会在墨西哥湾的海底呢？"阿尔登补上了一句。

船上的乘客或许可以开这个玩笑，因为他们仍能感受到重力作用。但对于在太空旅行的乘客，绝对不存在这样的问题，因为他们不可能注意不到自己完全失重。[1]

儒勒·凡尔纳的炮弹舱肯定是个非常酷的地方,一个小小的失重世界。任何一件东西你把它放在哪儿,它便停在哪儿,怎样放都会平衡。倾斜放置一个开口水瓶,水也不会流出来。这些场景肯定会让小说更为出彩,可惜的是儒勒·凡尔纳却与其失之交臂了。

2.11　怎样用有缺陷的天平正确称量

测量物体的质量需要用天平。要得到正确的结果,关键在于天平还是砝码呢? 别以为两者一样重要,只要有标准的砝码,哪怕用有缺陷的天平,照样可以正确称量。有几种方法可用,下面介绍两种。

第一种方法是由俄国伟大的化学家德米特里·门捷列夫(Dmitry

1　两种情况下的失重。在"2.8 下落的物体有多重"中介绍过自由落体时的失重。本节介绍的是绕地球运行时的失重。其实这两种情况下的失重,实质上是一回事。牛顿第二定律指出:物体所受的合力使物体产生加速度。换言之,力使物体的运动状态发生改变,即力使物体运动速度的大小和方向发生改变。不少情况下,力使速度的大小和方向同时改变,某些情况下只使其中之一改变。物体在地表同一处做自由落体运动时,所受的引力(即重力)只使它的速度大小增大,而方向不变。此时,物体不会对同步下落的悬挂物或支撑物产生下拉或下压的作用,即视重为零,处于完全失重状态。如果物体绕地球做匀速圆周运动,它所受的引力只使它的速度方向不断改变,而运动的快慢(即速度大小)不变。此时,物体同样不会对一起同步运转的物体产生任何力的作用,所以同样处于完全失重状态。也就是说,绕地球运转物体所受的重力只扮演向心力的角色。重力仅仅让飞行中的物体不断地转弯,使它绕着一个中心转动。总之,同样的重力在两个场合所起作用不同,前者可称它为"加速师",后者可称它为"转向师",但结果相同,使物体处于完全失重状态。——译者注

Mendeleyev)提出的。将手边的任一物体置于天平一托盘中,此物只需比待称物重些即可,再在另一托盘中加砝码,直至天平平衡。接着,将待称物置于放砝码的托盘中,再逐一移走砝码直至天平重新恢复平衡。所有取走的砝码质量之和就等于待称物的质量,这称为"恒负重法"。当有几个物体需连续待称时,此法较为方便。每次称量时,刚开始置于另一盘中的物体不必移动。

另一种方法是以提出该方法的科学家名字命名的"博尔达(Borda)法"。先将待称物置于一托盘中,在另一托盘中放沙子,直至天平平衡。然后,取走待称物,接着把砝码逐一放入空托盘中,直至天平重新恢复平衡。盘中全部砝码的质量之和即为待称物的质量。此法称为"替换法"。

上述等效替代的方法也可用于刻度不准的弹簧测力计。当然无需用沙子,但标准砝码必不可少。先将待称物置于弹簧测力计下挂的托盘中,记下测力计的读数。然后取走待称物,再将砝码逐一放入托盘,直至测力计的指针重新回到刚才记下的刻度处。盘中全部砝码的质量之和即为待称物的质量。

2.12 你比你想得更有力

你用一只手臂能提起多重的物品?如果是 10 千克,那么这是否表示你手臂肌肉的力量就只有这么大呢?事实上,远不止此。你上臂肱二头肌发出的力量要大得多! 图 2-15 显示了它的作用机理。前臂可视为以肘关节处为支点的杠杆,肱二头肌与前臂相连的下端十分靠近支点,被提起的重物作用于此杠杆的另一端。重物的重力作用线到支点(即肘关节)的距离几乎是肱二头肌下端到支点距离的 8 倍,这意味着要提起 10 千克的重物,肱二头肌需向上施加 8 倍的力,即 80 千克。[1]

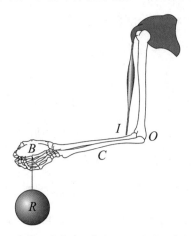

图 2-15　前臂 C 可以看作一个杠杆:支点位于 O 点,动力(肱二头肌的拉力)作用在 I 点,阻力(重物 R 的拉力)作用在 B 点。BO 长约为 IO 的 8 倍。本图摘自 17 世纪佛洛伦萨学者博雷利(Borelli)的著作《论动物的运动》(Concerning the Motions of Animals),在书中作者第一次将力学原理应用到生理学中

毫不夸张地说,一个人的力量真比他所显示的要大得多。或者讲,一个人的肌肉能发出比它所产生效果大得多的力量。这样的机制是否合理? 乍一看,很不合理,似乎有点得不偿失。但力学的"黄金法则"告诉我们:力量吃亏,位移来补。所以,尽管肌肉多用了力,但手臂移动的距离比肌肉收缩的大得多,即手臂移动得更快。[2] 上例中,手臂的移动速度比肌肉收缩快了 8 倍。动物的肌肉结构使肢体运动极其迅速。肌肉强大的力量换取了行动的迅捷,这是生物进化的必然。许多情况下,迅

1　千克是质量的单位,但历史上曾用"千克力"作为力的单位。为了尊重原著,此处仍采用"千克"作为力的单位,没有换算成"牛顿"。下文涉及类似情况,也作这样处理,不再标注。——译者注

2　力对物体所做功的大小等于作用力和物体在力的方向上位移的乘积,即 $W = Fs$。做同样的功,力和位移成反比。——译者注

捷比力量对生存更为重要，否则我们便会像蜗牛那样慢慢地移动了。

2.13　为什么尖锐之物能刺入另一物

　　针为什么那么容易扎进物体呢？用针刺穿一块布料或一张纸板轻而易举，而用钉子的钝头却很难。明明都是用差不多的力去扎，为什么效果不一样呢？是的，尽管力相同，但压强不同。用针扎时，力全都集中施于针尖；而用钉子的钝头去扎时，同样大小的力分布于钝头一端较大面积上，所以针产生的压强大得多。

　　同样重的钉耙，一个 20 齿，另一个 60 齿。显然，翻地时，前者比后者扎入土中更深。这是由于齿越多，每个齿上分到的力就越小。

　　谈及压强，除了力之外还必须考虑受力面积。这就好比，一个工人拿到 100 卢布，我们不知道这是多还是少，因为没有说明这是一年的工资还是一个月的工资。

　　同样的力，它的作用分布在一平方厘米面积上还是集中在百分之一平方毫米面积上，其效果大不相同。为什么踩着滑雪板能在松软的雪地上滑行，而不会深陷其中？这是因为滑雪板将你对雪地的压力分散到更大的面积上。假如滑雪板的面积是鞋底的 20 倍，那么滑雪板对雪面的压强是你不用滑雪板时的二十分之一。马匹在沼泽地中行走时，也必须绑上专用的"马靴"，这样增大了支撑面，减少了每平方厘米面积的压力，即减小了压强。人在沼泽或薄冰上匍匐爬行也是同样道理，目的是将由自身体重产生的对冰面的压力分散到更大的面积上。

重型的履带坦克和拖拉机不会陷入泥土中，也是因为履带将对地的巨大压力分散到了相当大的支撑面上。一辆重 8 吨的履带式拖拉机，对地压强只有每平方厘米 600 克重。有一种重 2 吨的履带式车辆，对地压强更是只有每平方厘米 160 克重，因此它能在沼泽地和沙滩上轻松行进，这是通过增大面积来减小压强。而针则相反，尖锐的针尖和锋利的刀刃能刺穿物体，正是因为它们将力的作用集中在非常小的面积上，在针尖和刀刃处产生的压强非常大。

2.14　怎样的床才舒适

为什么坐在软椅上比坐在硬板凳上舒适？为什么躺在用细绳编织的吊床上还蛮惬意？那一根根的细绳可不是很柔软呀！

其中的道理不难解释。硬板凳面是平的，坐在上面时你将全部体重作用在一个较小的面积上，即压强大。椅子面通常是略微下凹的，坐在上面时你与它的接触面会大一些，单位面积上的压力就小些，即压强小。

舒服的关键在于减小压强，让压力更均匀地分布到较大的面积上。在软硬合适的床上，身体与床面充分接触，身体各部分都受到适度支撑，压力分布相当均匀，每平方厘米上只有几克重，所以你会感到舒适。现在用以下估算来进一步说明这种差异。一个成人的人体表面积约为 2 米^2，人躺在软硬适度的床上时，床垫对人体的支撑面约为这一面积的 1/4，即 0.5 米^2。如果人的体重是 60 千克，每平方厘米支持面上，只需承受 0.12 牛的压力。如果人躺在硬板上，人体只有若干部位接触板面，支撑面只有约 100 厘米²,每平方厘米支持面上承受的压力约为 6 牛,而不是零点几牛,压强差异太大了,因此躺在上面不舒服。

不过只要身体被均匀支撑着,哪怕用很硬材质做的床也会给你带来与羽绒床垫差不多的感觉。假如你先躺在泥泞的地上,留下一个凹印,待泥土干后,凹痕便成了一个土模。泥土变硬后,通常会收缩 5%～10%,假如忽略泥土的收缩,当你按原先那样躺回土模中,或许你会感到这与躺在羽绒床垫上无异。

 **物理小词典**

牛顿第二定律

力可以使物体的运动状态发生改变,即力使物体产生加速度 a,加速度是描述物体运动状态(速度的大小和方向)改变快慢的物理量。用公式表示为 $F=ma$,F 为合外力,m 为物体的质量,a 为加速度。力和加速度都是矢量。

引力　重力

引力:根据万有引力定律,任何两个质点间都存在相互的引力作用。引力大小与它们质量的乘积成正比,与它们间距离的平方成反比。

重力:地表附近物体由于地球吸引而受到的力。物体受到的地球的引力是组成地球的物质对该物体引力的合力,方向指向地心,如图 2-16 所示。引力对物体运动状态的改变会产生两个效果:(1)使物体随地球绕地轴自转(即提供自转的向心力);(2)使物体以重力加速度下落。重力就是产生重力加速度的分力。用 G 表示重力,g 表示重力加速度,根据牛顿第二定律可知,$G=mg$。由于使物体绕地轴自转的向心力(分力)与指向地心的引力(合力)相比很小,且地球是一个两极方向稍扁、赤道处略鼓的不规则球体,所以重力垂直指向地表,它与指向地心的引力间的夹角很小。在赤道处该夹角为零,重力等于引力减去使物体绕地轴自转的分力,因此重力最小,故重力加速度最小;反之,在两极处,重力等于引力,重力加速度最大。

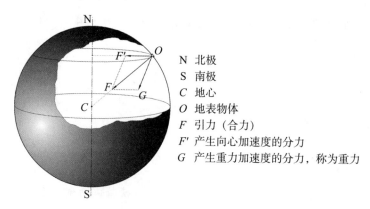

N 北极
S 南极
C 地心
O 地表物体
F 引力 (合力)
F' 产生向心加速度的分力
G 产生重力加速度的分力,称为重力

图 2 - 16

静摩擦力　最大静摩擦力

两个互相接触并挤压的物体存在相对运动趋势时,相互之间阻碍发生相对运动的摩擦力,称为静摩擦力。静摩擦力随相对运动趋势(或使物体发生相对运动的作用力)增大而增大,当超过最大静摩擦力时,便会发生相对运动。

重心　支面

重心:物体各部分所受重力之合力的作用点,即认为各部分所受的重力都集中作用于这一点。物体为形状规则的均质体时,重心与物体几何中心重合。重心可在物体上,也可在物体外。

支面:即支撑面,是由对物体支撑点所组成的平面,是由最外侧支撑点连线围成的平面。重力作用线即重垂线,当其通过支面时物体处于稳定状态。反之,当重垂线越出支面时,物体处于不稳定状态。重心越低,支面越大,重垂线越不易越出支面,物体越稳定。

惯性

物体保持静止或匀速直线运动状态的性质。它是物体的固有属性,表现为对改变其运动状态的抵抗程度。

自由落体运动

物体只在重力作用下,做初速度为零的匀加速直线运动。加速度为重力加速度 $g = 9.8$ 米/秒^2,速度为 $v = gt$,下落位移为 $s = \dfrac{1}{2}gt^2$(t 为下落时间)。

视重　失重

视重:物体对支持物的压力或对悬挂物的拉力大小。

失重:视重小于物体重力的现象。当视重为零时,物体处于完全失重状态。

力矩　杠杆平衡

力矩＝力×力臂,力臂是指从支点到力作用线的距离。

当杠杆平衡时,动力矩＝阻力矩。

压强

单位面积上受到的压力叫做压强。其定义式为 $p = \dfrac{F}{S}$,F 是压力,S 是受力面积。

第三章　空气阻力

3.1　子弹和空气

　　人人都知道空气对飞行的子弹有阻碍作用,但这种阻碍作用究竟有多大,知者甚少。大多数人认为像空气这种轻柔之物不会对高速飞行的子弹产生多大作用。

　　仔细看一下图 3-1,你就会明白空气对飞行子弹的阻碍作用可大了。图中大的弧线表示子弹在真空中的弹道曲线。在这种情况下,一颗以与水平地面成 45°角、620 米/秒速度发射的子弹,它的弹道最高处可达约 10 千米,射程可达约 40 千米。但在空气中,这颗子弹仅仅向前飞了 4

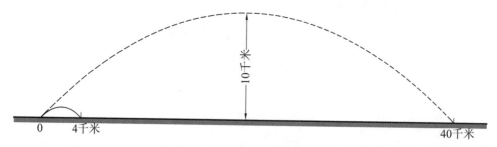

图 3-1　飞行的子弹在空气和真空中的运动比较。大的弧线是子弹在真空中的弹道,左边小的弧线是子弹在空气中的真实弹道

千米,如图中小的弧线所示,显然无法与前者相比。这就是空气阻力的
作用,够厉害吧!

3.2　超远程大炮

　　1918 年,在第一次世界大战接近尾声之际,英法战机阻止了德国的空
袭,德军转而开始用一种长射程火炮对 100 千米以外的目标进行攻击。

　　德军炮手偶然发现了一种新颖的方式,用它可炮轰离前线至少有
115 千米之遥的法国首都。炮手们意外发现,用巨大的火炮以很大的倾
角发射炮弹,炮弹竟然向前飞行了 40 千米,而不是预料中的 20 千米。
其中的原因如下:当炮弹以很大的倾角和极大的初速度被向上发射后,
它能到达空气稀薄的大气层高处,那儿的空气阻力非常弱。所以,在炮
弹开始转向很快落回地面前,它可以向前飞行相当长的距离。图 3 - 2
说明了发射倾角不同时,炮弹弹道的巨大差异。根据这一偶然发现的原

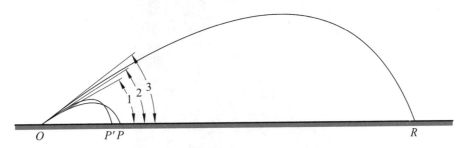

图 3-2　长射程火炮的炮弹射程随发射倾角的变化而变化。以倾角 1 发射,炮弹击
中地面 P 处;以倾角 2 发射,炮弹击中地面 P' 处;但以倾角 3 发射时,炮弹穿越平流
层后,击中远得多的 R 处

理,德国设计制造出了能从 115 千米之外炮击巴黎的长射程火炮。在整个 1918 年夏季,这门大炮一共向巴黎发射了 300 多枚炮弹。

这门长射程大炮的炮筒由一根 34 米长、1 米粗的钢管组成,底部厚达 40 厘米。大炮自身重达 750 吨,120 千克重的炮弹长 1 米、粗 21 厘米。每次发射需装入 150 千克的火药,从而产生 5 000 个大气压的巨大推力,使其以 2 000 米/秒的速度出膛。由于发射倾角达 52°,炮弹沿着巨大的弹道曲线飞行,最高处可达离地 40 千米的大气平流层。炮弹只用 3.5 分钟便可飞抵 115 千米之遥的巴黎,其中有 2 分钟是在平流层中飞行的。

这门超级大炮是人类历史上第一门长射程炮,可谓现代远程火炮的鼻祖。必须指出:子弹或炮弹的初速度越大,空气对它的阻力也越大。阻力大小与速度的平方、三次方,乃至更高次方成正比,这取决于子弹或炮弹的速度大小。

图 3-3　第一次世界大战中德国的超远程大炮

3.3　风筝为什么会飞上天

当你拉着风筝的线向前奔跑时,风筝为什么会往上飞呢? 如果你懂了其中的缘由,那么你也就会理解为什么飞机会飞上天、枫树的种子会随风飘荡。你甚至也能由此捉摸出一点回旋镖奇怪行为的原因,因为这些情况是相互关联的。空气会对飞行的子弹或炮弹产生很大的阻力,但它却能将风筝送上天,使枫树种子在空中飘荡,甚至让很重的飞机在天上翱翔。

图 3-4 解释了风筝飞上天的原因,其中 *MN* 表示风筝的横截面。当我们拉着线放风筝时,它尾部的重力会使风筝面倾斜着向前运动。设风筝与水平方向的夹角为 α,从右向左运动。空气对它运动的阻力垂直作用在风筝面上,用矢量 *OC* 表示。根据平行四边形法则,可将空气阻力分解成两个分力:*OD* 和 *OP*。分力 *OD* 将风筝向后推,减小了它的初速度;另一个分力 *OP* 将风筝向上抬升,平衡了风筝的重力。

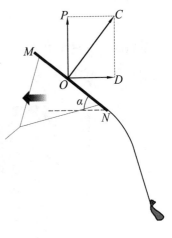

图 3-4　使风筝升空的力

只要分力 *OP* 大到能克服风筝的重力,它便能使风筝上升。所以,当我们拉着风筝向前奔跑时,空气将它送上了天。

从某种程度上讲,飞机与风筝有点类似。相同之处是,它们都必须在空气中向前运动才能升空;不同之处在于,飞机依靠螺旋桨或喷气发动机获得前行的动力。当然，这仅是粗略的解释，飞机升空还有其他因素。

3.4　活的滑翔机

　　飞机并不像人们通常想的那样，是模仿鸟的飞行制造的。其实，就飞行机理而言，飞机更像飞鼠（或称鼯鼠）和飞鱼。实际上，这些动物并不是向上飞，而是用它们身体上宽大的飞膜或胸鳍在空中"滑翔"。利用这种方式，它们可以向前跃进得更远。在此情况下，图 3－4 中所示的分力 OP 虽然不足以完全平衡它们的体重，但却有助于它们从高处作大距离的跳跃。一只飞鼠可以从一棵树的树顶跳跃到 20～30 米外的另一棵树的树枝上（见图 3－5）。在东印度[1]和锡兰发现了一种更大的飞鼠，它

图 3－5　会滑翔的飞鼠，可跳至 20～30 米远处

────────────

1　东印度指现在的印度和马来群岛。——译者注

是一种狐猴,体形大小类似家猫。尽管体重很大,但宽达半米的飞膜可使狐猴跳至 50 米外。而居于菲律宾岛屿上的鼯猴甚至可跳 70 米远。

3.5　滑翔式播种

植物也常采用在空中滑翔的机制来繁殖。许多种子有降落伞形的簇绒或冠毛,例如蒲公英、棉、婆罗门参的籽等。有的种子有翼片(称为翅果),例如针叶树、枫树、白桦、榆树,及许多种伞状科植物的籽等。

在克纳·冯·马里劳姆(Kerner von Marilaum)所著的《植物的生命》(*Plant Life*)一书中,有如下一段相关的描述:

在无风的晴日,一股垂直上升的气流将大量的种子带入空中。傍晚时分,它们又在近处飘然下落。高高飞扬对种子如此重要,不仅是因为它能将种子广为播散,更要紧的是能使种子在山坡和悬崖的裂缝中生根发芽。否则,它们将永远无法到达那儿。与此同时,一股水平的气流会将在空中飘荡的种子带向远方。

有些种子仅仅在飞扬时才会保留它们的翼片或降落伞。蓟类植物的种子在空气中静静飘荡,直至碰到障碍物时,种子会丢弃其上的降落伞掉到地上。所以,蓟类植物常长在墙边和篱笆边。但也有其他一些种子始终与它们的降落伞连在一道。

图 3-6 和 3-7 显示了一些具有滑翔机制的籽和果实。事实上,这些植物“滑翔机”在许多方面都胜于人造的。它们能抬升比自重大得多的负重,而且还能自动停稳。例如,如果印度茉莉花籽偶尔翻转了,它会

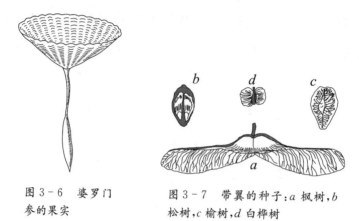

图 3-6 婆罗门
参的果实

图 3-7 带翼的种子：*a* 枫树，*b*
松树，*c* 榆树，*d* 白桦树

自动翻转回去让凸起的一面朝下；如果遇到障碍物，它会逐步往下降，而不是倾覆和笔直落下。

3.6 延迟开伞跳降

看了标题，伞兵们勇敢跳伞的那幕场景自然会浮现在你脑海中。他们在 10 千米高处跃出机舱，像石块般笔直落一定距离后才打开降落伞。不少人以为延迟开伞前，伞兵犹如在真空中下落一般。如果真是如此的话，整个跳伞过程会很快结束，伞兵的着地速度将极其惊人。

事实上，空气阻力使下落加速度很快减小。只有在伞兵跃出机舱后第一个 10 秒内，下落速度在增大。而在这 10 秒内，伞兵下落了几百米都不到，其间空气阻力很快增加，最终在某处与伞兵的重力相等，达到平衡，此刻向下的加速运动停止，伞兵开始匀速下降。

以下对延迟开伞作一个粗略的力学分析。伞兵向下的加速度只维持开始的 12 秒甚至更短的时间,这取决于伞兵的质量。[1]　在此过程中,他下落了 400～450 米,速度达到约 50 米/秒。此后直至拉绳开伞,他以相同的速率匀速下降。雨滴的下落过程与此相仿,唯一的差别是雨滴加速下落的时间连 1 秒都不到。结果是雨滴落至地面的速度不如伞兵那么大,只有 2～7 米/秒,这取决于它的大小。

3.7　回旋镖

　　回旋镖(又称回力镖),这一奇妙的武器是原始人所发明的技术上最完美的器械(见图 3-8)。科学家也曾对此惊叹不已。确实,回旋镖那奇特回绕的飞行路径还真让人百思不得其解。不过当下我们已有了缜密的理论可对此作出解释,回旋镖已不再是不解之谜了。然而,这一理论[2]颇为艰深,很难用三言两语讲明白其中的道理。此处,仅仅指出回旋镖的运动是以下三个因素相结合的结果。首先,初始一投;其次,镖自身的转动;最后,空气阻力。澳洲的原住民本能地知晓如何将三者完美结合。他们能灵巧地改变镖的倾斜度和运动方向,并以恰如其分的力将其投出,从而得到预期的结果。

　　你也可自己制作一个供室内练习的回旋镖,体会一下投掷的诀窍。用硬纸板按图 3-9 所示剪一个边长约 5 厘米、宽略小于 1 厘米的回旋镖。将它夹在拇指和食指间,用另一食指稍向前上方轻弹此镖,它会向

1　伞兵在这段时间内变加速下降,而非匀加速下降,更不是自由落体运动。——译者注
2　指现代空气动力学。——译者注

图 3-8 澳洲土著扔出一个回旋镖。虚线表示回旋镖的飞行曲线。他似乎没击中猎物

前飞约 5 米,然后回转,假如没有遇到障碍物,它还能返回你的脚边。如果按照图 3-10 所示,将纸镖的两臂稍拧一下,使它看起来像个螺旋桨,你可以玩出更漂亮的投掷。经过一番练习,你应当也能使飞镖在空中划出奇妙的回旋曲线,并返回你身边。

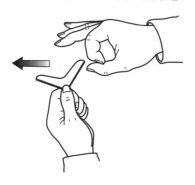

图 3-9 怎样投出用硬纸板做的回旋镖

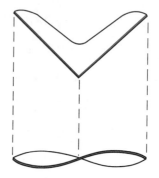

图 3-10 用硬纸板做的另一种回旋镖

最后需要指出的是:通常认为回旋镖似乎只有澳洲才有,事实并非如此。它也曾在印度使用,根据现存的壁画,它是亚述战士的常用武器

（见图 3‑11）。在古埃及和尼泊尔，回旋镖也并不鲜见。当然，澳洲土著所使用的回旋镖有其独一无二的特点，这就是它像螺旋桨般拧转过的形状。投掷后，它会在空中划出奇妙的回转圈，最终又回到投掷者身边。

图 3‑11　投掷回旋镖的古代战士

物理小词典

空气阻力

空气阻力是指物体相对空气运动时，由于受到空气的弹力作用而产生的阻力。一般来说，物体速度较小时，空气阻力与速度成正比；速度较大时，空气阻力与速度的平方成正比；速度更大时，空气阻力与速度的三次方成正比。

第四章　旋转　永动机

4.1　如何辨别生蛋和熟蛋

图 4-1　旋转一个蛋

不敲开蛋壳，如何辨别一个鸡蛋是煮熟的还是生的？力学会给出解答，诀窍在于熟蛋与生蛋转动得不一样。把蛋放在水平桌面上，用手指捻转一下（见图 4-1）。熟蛋，尤其是完全煮熟的蛋会比生蛋转得更快、更久。事实上，要让生蛋转起来还真不太容易。一个熟透的蛋会转得如此之快，以至于它看似一团蒙眬的白色椭球。如果你开始捻转得足够迅速，甚至还可使它竖起在尖的一端。

这种差异的原因何在？这是因为一个煮熟的蛋从里到外都呈固态，作为一个整体在转动。而生蛋内部是液态状蛋黄和蛋白，它们不会立即跟着蛋壳一起转动。由于惯性液态状物质阻滞了蛋壳转动，它们起到某种刹车的作用。熟蛋和生蛋停止转动的方式也不同。用一个手指碰一下转动中的熟蛋，它会立刻停下来，而生蛋在你移开手指后还会转动几下。这同样也是蛋壳内的液态物质在作怪,当蛋壳停下来时,它们仍在转动,而熟蛋的蛋壳和里面的蛋白、蛋黄则会同时停止转动。

以下是一个性质相仿的实验。取两根橡皮圈,沿熟蛋和生蛋的"子午线"箍紧,再用同样的细线将它们悬挂起来(见图4-2)。用手指将两根悬线拧转相同的圈数,然后放手,你会马上发现两者的差别。由于惯性,熟蛋在回转几圈使悬线释放后,会接着向反方向再转几圈,然后又回转,如此来回转动,但转动圈数逐

图4-2　用细线悬挂法检测蛋的生熟

步减少,直至停下。而生蛋在回转释放悬线后却很难再向反方向转动,勉强转上一两圈后便很快停了下来。同样道理,生蛋内的液态物质阻滞了它的转动。

4.2　大转盘

撑开一把伞,将伞头向下抵在地面上并转动伞把,伞会很快转动起来。现在,把一个小球或小纸团,丢在转动的伞面上。它并不会停在那里,而是被向外抛出。这一现象常被误称为是"离心力"的作用,事实上这是惯性力的表现[1]。小球或小纸团并不沿半径方向外移,而是沿圆周运动的切线方向抛出。

1　一种虚拟力,在旋转参考系中称为惯性离心力。——译者注

图 4-3　在大转盘上，游戏参与者被甩向转盘的边缘

　　在一些公园里有一种基于旋转原理的大转盘游乐装置（见图 4-3），玩一下，你可以亲身体验一下惯性定律。大转盘中间是一块可以回旋的圆形地板，参与者可以在上面站着、坐着或躺着。地板下的发动机带动地板旋转，开始时地板转得很慢，参与者都不太注意到有什么异样。随着回转逐步加速，参与者感到稳不住了，他开始不由自主地向外滑动，尤其是离中心比较远的地方。地板越转越快，不管参与者怎样试图维稳，还是会被甩到地板边缘，直到被防护壁挡住为止。[1]

　　事实上，地球本身就是一个大转盘，尽管它没有将我们甩出去，但却

1　在大转盘上随地板一起旋转时，以地面为参照系（惯性系），人做匀速圆周运动，他所需的向心力由人与地板间的静摩擦力提供。当转速增大时，所需的向心力也增大。当最大静摩擦力无法提供所需的向心力时，人与地板间便会发生相对滑动。如果以转盘为参照系（非惯性系），坐在转盘上的人相对转盘静止。在水平方向，向内的静摩擦力和向外的虚拟惯性离心力相平衡。当转速增大时，惯性离心力增大，静摩擦力也随之增大，直至惯性离心力达到最大静摩擦力时，人在盘上开始相对滑动。以上分别在惯性系和非惯性系中分析同一问题，结果相同。此后，他会感到自己在离开中心向外滑。进一步讨论见下节，关于惯性离心力和地球上各处的重力变化详见本章"物理小词典"。——译者注

使我们的重力变小了。在赤道上，地球自转速度最快，一个人的重力理论上可减少 1/300。再加上地球略扁的因素，在赤道处人的重力可减小约 1/200。因此，一个成年人在赤道处所受的重力比在两极约小 3 牛。

4.3　墨迹旋风

按图 4-4 所示，用一块白纸板和一根一头削尖的火柴制作一个简易的纸陀螺。转动这个陀螺无需特别技巧，小孩子都会。然而，尽管它是个小玩具，但却很有启发性。按照以下步骤去做：先在陀螺的纸面上靠近转轴处滴几滴墨水，在它干掉之前转动陀螺。待它停下后，观察纸面上的墨迹会发现：陀螺纸面上展现一幅墨滴流散时自动画出的墨迹画，几条螺旋状的墨迹恰恰构成一幅小小的旋风图。

图 4-4　墨水滴在陀螺纸面上描出的墨迹

这一相似性并非偶然。陀螺纸面上的螺旋状墨迹显示了每滴墨水的运动路径，你在大转盘上所经历的与墨滴在纸面上的运动完全相同。

在离心力的作用下,墨滴会从纸面中心处向外运动,在这些位置由于半径变大,纸面转动的速度比墨滴本身具有的速度大,这使得墨滴在该处的运动滞后于纸面的运动,即墨滴运动总是落后于纸面上径向"辐条"的运动。墨滴向外移动时在纸上不断打弯,这样便画出了一条螺旋状的曲线。墨滴相对纸面向外做曲线运动,这与人相对转盘面的运动是一样的。

空气从大气的高气压中心向外发散,形成反气旋流;周围的空气向低气压中心会聚,形成气旋流。它们的形成过程依据上述同样的原理,而墨迹旋风只是描绘巨大气旋流的微缩版。

4.4 被愚弄的植物

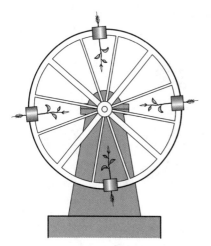

图 4-5 种子在旋转轮的轮缘中发芽,茎朝向轮轴生长,根向外,长到轮缘外面

在一个转动参考系中,由高速旋转形成的惯性离心力甚至可超越重力的作用。100 多年前,英国植物学家奈特(Knight)曾验证了这种可能。众所周知,植物的茎总是逆着重力方向往上生长的。这位植物学家将种子播撒在高速旋转轮子的外缘中,让它们向旋转轮子的中心发芽生长(见图 4-5)。他还真用此法将植物愚弄了一番,其奥妙在于将惯性离心力的作用代替了重力。这个人造的重力

(即惯性离心力)确实比地球的天然引力更强大,而现代的引力理论原则上也没对此解释提出任何异议。

4.5　永动机

虽然人们常常提及"永恒运动",但并非所有人都理解其含义。"永动机"是一种想象中的机械,它无需动力便可永无休止地运动,同时还可以做些有用功,例如提升重物。尽管自古以来不断有人企图制造永动机,但却从未成功过。这一事实使人们确信"永动机"是不可能被制造出来的,并促使了能量守恒定律这一现代科学基础理论的诞生。

图 4-6 描绘了一种最古老的永动机,至今有些永动机迷还想复活它呢。它是个转盘,转盘边缘装有可活动的短杆,杆端固定有金属球。不管转盘处于任何位置时,右边的球离轴总比左边的远,于是右边的球产生的力矩总是大于左边的,从而迫使盘转动。结果,盘会永远旋转,直至轴被磨损完为止。以上是发明者的设想,事实上这个盘

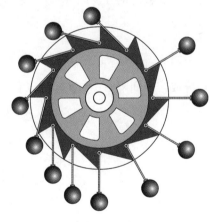

图 4-6　中世纪时一个"可永恒转动的轮"

永远不会转动。为什么呢? 右边的球离轴确实总比左边的远,但它们的数目比左边的少。在图 4-6 中,右边只有 4 个,而左边却有 8 个。两边

力矩几乎平衡,盘转不起来,它至多晃两下又会回到平衡位置。

"永动机"作为一种能源已毫无疑问被证明是绝对不可能的。从中世纪的炼金术士起,许多人挖空心思要创造无中生有的神话,而"永动机"比起"魔法石"更具诱惑力。19 世纪俄罗斯著名诗人普希金(Pushkin)在《骑士轶事》(*Chivalrous Episodes*)中描写过这样一位永动机迷——伯特霍尔德。

"永动是什么?"马丁问道。

"永动,"伯特霍尔德答道,"是永恒的运动。如果我能找到这种运动,那说明人类的创造努力永无止境。马丁,炼出黄金固然很诱人,但发明创造既引人入胜又有利可图。发现永恒运动……将是何等伟大!"

数以百计的"永动机"被发明了出来,但没一个能动起来。每个发明者一开始就忽略了某个关键因素,所以都不可避免地走上了全盘皆输之路。

图 4-7 描绘了另一种"永动机"的设计。大转轮的中心和边缘之间被分成若干间隔,一些重球可以在各自间隔中滚动。设计者认为,在转

图 4-7　球可在各自间隔中滚动的"永动机"

轮一边的球比另一边更靠近外缘，于是依靠它们的重力可迫使轮不断转
动。但是，与图4-6中那个轮无法转动的道理一样，这设想一幕都没发
生。然而，洛杉矶一家咖啡店居然安装了个一样的巨大"永动机"（见图
4-8），以此吸引顾客。其实，这是一个伪装的"永动机"，巨轮由巧妙隐
藏着的机械驱动。但路人看到的好像是那些在间隔中滚动的球正在使
轮转动。诸如此类"永动机"的把戏屡见不鲜，不少是由电力驱动的，钟
表店橱窗中吸引公众眼球的"永动机"即是一例。

图4-8　洛杉矶一家咖啡店中伪装的"永动机"

有一回，这种噱头还真把我的学生给骗了。当我告诉学生永动是不
可能时，他们争辩道："眼见为实，不信可去瞧瞧。"到了现场，那些滚动的
球正使轮盘转动着。事实胜于雄辩，这似乎让人不得不信。我告诉学生
大转盘是靠城市电网的电力驱动的。但是，我的揭秘无济于事，学生们

仍不太信服。我灵机一动，想到星期天城市会停电，于是提议学生周日再来一探究竟。

此后，我问学生："你们看到永动机还在转吗？"

"没有，"学生们垂下了脑袋答道，"它被报纸遮起来了。"

他们重拾了对能量守恒定律的坚信不疑。

4.6 "卡住了"

俄国有一批在家自学成才的聪明发明者，他们曾尝试过解决那令人着迷的"永动机"问题。一位叫亚历克·谢格洛夫的西伯利亚农夫便是其中之一。19 世纪著名的俄国讽刺文学作家萨尔特科夫·谢德林（Saltykov Shchedrin）在他的《现代田园诗》（*Modern Idyll*）中，曾以谢格洛夫为原型塑造了一位叫伯赫·普雷岑托夫的"永动机"迷。以下是他探访普雷岑托夫发明工厂的一段描述：

> 普雷岑托夫是个约 35 岁的男子，面容憔悴且苍白。一双有点沉思的大眼睛，几缕垂至颈部的长发。宽敞小屋的一半为一个巨大的飞轮所占据，我们只得从边上挤进去。这是个辐条轮，相当大的箱状外缘是用木板钉成的，里面是空的，可存放发明者的神秘机械。看起来似乎没啥特别的，仅仅放些相互平衡的沙袋。一根木棒穿过轮辐让轮停在那儿。
>
> "听说你把永恒运动原理应用到实际中了，是吗？"我开始发问。
>
> "真不知道该怎么说，大概是吧！"他局促地答道。

"可以参观一下吗?"

"很荣幸,请吧!"

他将我们带到轮边,绕着它转了一圈。从两边看都是个轮子。

"它能转吗?"

"当然。但它有点任性。"

"能把棒抽出来吗?"

普雷岑托夫取下那根木棒,轮仍纹丝不动。

"又在玩什么把戏!"他重复道。"需要推它一下才听话。"

他用双手握住轮缘,来回晃动几下后用全力一推。轮子开始转动,又快又平稳地转了几圈。你可听到中间沙袋撞在木板上又滑掉的声响。接着轮子越转越慢,吱咯作响,最后彻底停下来。

"准是哪儿卡住了。"发明者又去摇晃轮子,一边窘迫地解释道。但是,结果和前面一样。

"也许你忘记摩擦力了?"

"啊,没有……你说摩擦力? 与它无关,摩擦力不算啥。这轮子一会让你高兴,一会让你生气,爱要小性子,就是这么回事。如果轮子不用这堆破板,而是用好材料打造,那就妥了。"

当然,既不能怪"卡住",也不能怪"材料","永动"从根源上就是个错误的原理。那轮子需要人去推动才会转几圈,当摩擦力耗尽了外界给予的能量后,它肯定会停下来。

4.7 "正是那些球起了作用"

作家卡罗宁(Karonin)在他所著的《永动机》(*Perpetuum Mobile*)故事中,描述了另一款俄式永动机。发明者是一名来自来自佩尔姆古伯尼亚的农夫拉夫连季·戈尔德耶夫,他于 1884 年逝世。在故事中,卡罗宁把发明者的名字改成了佩赫京,并对这款永动机作了详尽描述。

在我们前面是一台硕大的机械,初看像是铁匠铺中给马上蹄铁的玩意儿。一些粗刨过的木柱和横梁支起一个由飞轮和齿轮组成的粗陋和笨拙的系统。几个铁球放在机器下面的地上,边上还有一大堆铁球。

"就是这个吗?"管家问道。

"正是。"

"呀,它能转吗?"

"还能怎么样?"

"用马拉动它吗?"

"要马干啥? 它自己会转的。"发明者答道。他开始演示这台巨大的机器是如何运转的。

它主要是靠放在边上的那堆铁球驱动的。

"正是这堆球起了作用。首先球重击轮边的勺子,它沿着飞轮的槽飞转并由那个勺子捞起,重新被丢进槽中。铁球一个接一个被勺子捞起,重击飞轮,使轮子转动。事情就是这样。等一下,我马上演示给你看。"

　　他跑过去,将散落在地上的铁球聚拢成一堆。然后,他捡起一个铁球,使尽全力将它扔到轮边最近的勺子中。然后,他很快捡起第二个铁球扔进勺子,接着第三个……铁球撞击勺子发出巨大的声响,轮子吱吱动了起来,木架呻吟着。地狱般的嘈杂声响充斥着阴暗的场所。

卡罗宁在故事中声言此机器动了起来,但很显然这是个误解。轮子只有在球落下时才能转动,实际上它消耗了球被举起所积累的势能。这与摆钟中重锤的作用相似。当所有的铁球落下重击铁勺后,它们最终都要滑落到地面上并停下来。所以,轮子不会保持长时间转动。

其后,戈尔德耶夫在叶卡捷琳堡的展览会上展示了他的"永动机"。但当看到那些真正的工业机械发明时,他显得十分失望。当人们问及他的"永动"机械装置时,他沮丧地答道:"魔鬼吞噬了它,把它拿去烧火了。"

4.8　蓄能器

　　乌菲姆采夫是一个来自库尔斯克的发明者,他发明了一种称为"动能积蓄器"的玩意。此物还真是能让好奇的"永动机"观察者上当的陷阱。他设计了一种用"惯性蓄能器"式的廉价飞轮驱动的风力电站。1920 年,他还真的制作了模型。它是一个能绕垂直轴旋转的圆盘,在轴心安装了一个装在真空轴套中的滚柱轴承。当转速增大至每分钟20 000 转时,圆盘能连续转上 15 天。不知底细的观察者还以为眼前是一个真的"永动机"呢!

4.9　意外的成就

　　对"永动机"的徒劳追求误导了许多人。有的狂热者甚至倾其所有，结果一无所获，甚至还陷入悲惨的境地。他们的不幸正是由于无视物理学的最基本原理。我曾经认识一位工人，他把所有的收入和积蓄都花在制造永动机上。他经常衣衫褴褛，饥肠辘辘，但总是乞求他遇到的每一个人给他一些钱，让他的机器尽快成型。看到这个人因为对物理学的基本知识一无所知而遭受如此多的痛苦，真是太可惜了。

　　然而，尽管对"永动机"的寻求总是碰壁，但另一方面对它不可能性的深刻理解常能导致非常有价值的发现。

　　16 世纪初，正是基于对永动机不可能实现的认识，荷兰著名的科学家西蒙·斯泰芬（Simon Stevin）确立了斜面上力平衡的规律。这位学者理应享有更大荣誉，他的许多发现至今仍被不断运用。小数，在代数中引入分母，流体静力学定律（其后的帕斯卡又重新发现此定律），都是他的成就。

　　他推演斜面上力的平衡规律时并没有采用平行四边形法则。他用图 4-9 所示的理想实验（注：想象中的实验）来证明。将 14 个一样的小球用线连成一串，将球链挂在一个三棱柱上，接下来会发生什么呢？三棱柱下面那段球链像花环般下垂着，很明显这段球链自身处于平衡状态。但上面那两段会平衡吗？也就是说，右边两个球能平衡左边四个球吗？答案是肯定的。如果不能，滑出斜面的球就会被后面的球替补，一

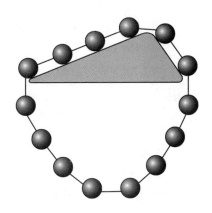

图 4-9　斯泰芬的"理想实验"

旦滑动,球链就会自右向左永远自动地转动下去,绝不可能平衡。这不又成了个"永动机"吗?

　　显然,这绝不可能!这样放置的球链完全不可能自己动起来。换言之,右边那两个球的力肯定能抵消左边那四个球的力。有点新奇,是吗?两个球居然能拉住四个球!这使斯泰芬推断出一个重要的力学规律。他的推论如下:平衡在斜面两边球的重量不同,重的比轻的大几倍,斜面长边也必定比短边大相同倍数。推而广之,任何置于两个互成角度的斜面上的相连重物,只要它们的重量与所处斜面的长度成正比,它们就会相互平衡。

　　当斜面短的一边与地面垂直时,就得出力学上一个著名的规律:在斜面上放置一个物体,要使它在斜面上静止不动,必须沿斜面方向施加一个较小的作用力,物体的重量相对该作用力的倍数,等于斜面长度相对其高度的倍数。

　　于是,对"永动机"不可实现之笃信,导致了力学领域的一个重要发现。

4.10 还是"永动机"

如图 4 - 10 所示,一根沉重的链条围挂在几个转轮上,右边的链条总是比左边长。发明者认为,因为右边的链条总是比左边重,于是它便会使整个装置不停地运动。这真的会发生吗? 当然不可能。在上一节中已经分析过,在斜面上,重的那部分链球完全可能被轻的那部分所平

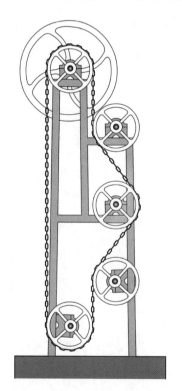

图 4 - 10 这是"永动机"吗

衡,只要它们被以不同倾角的力往上拉住就行。而在这个装置中,左边部分链条是笔直下垂的,而右边那段则有倾斜部分。所以,尽管右边这段重,它仍不能拉动左边那段,结果仍实现不了预想中的"永恒运动"。

在形形色色的"永动机"中,最聪明的要算 1860 年在巴黎博览会上所展示的那台。它由一个大转轮和在轮间隔中滚动的球组成。发明者声称无人能让它停下来,许多参观者试着用手让它停止,但只要他们的手一离开轮子,它又转了起来。没人能懂得正是他想让轮停下来的努力使轮子保持了转动,谜底是参观者想让轮子停止转动的反向推力恰恰拧紧了一个巧妙隐藏在轮中的弹簧发条。

4.11　彼得大帝想买的"永动机"

保存在档案中的一大堆函件显示,在 1715—1722 年间,俄国的彼得大帝想买一台"永动机"。这台机器是由一名叫奥菲勒斯(Orffyreus)的德国议员设计的,他因发明"自动轮"而名声大噪,并同意将其以一笔巨款售给沙皇。沙皇派他的图书管理员舒马赫(Schumacher)去西欧收集各种奇珍异宝。他向沙皇汇报了如下收购这台"永动机"的交易谈判:

发明家最后开价是 10 万银币。

至于机器本身,按照舒马赫的说法,发明家宣称绝对货真价实,无法抵毁。"当然除了那些恶意诽谤。世界上到处是居心不良、不可信任的小人。"

1725 年 1 月,彼得大帝决定赴德国亲眼看一下那人人皆知的"永动机"，可是他在达成此愿前便归天了。

那么那个神秘的发明者奥菲勒斯是谁？他那台著名的机器又长什么样呢？且听我一一道来。

奥菲勒斯，原名巴斯勒，1680年生于德国。在研制"永动机"之前，他学过医学、神学及绘画。在众多妄图建造"永动机"的发明者中，他可能是最出名的，也是最幸运的一位。他逝世于1745年，靠展示他的"永动"装置收入活得相当不错。

图4-11是从一本描述他于1714年所造机器的旧书中复制的。这是一个明显不会自行转动的巨轮，但依然可提升重物。

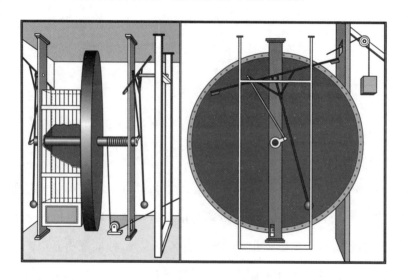

图4-11　彼得大帝想买的"永动机"

他先将此物在各种集市上展示，不久这一"神秘机器"的名声便在整个德国不胫而走。很快，波兰国王对此极感兴趣，黑森-卡塞尔州的领主也大驾光临，并将自己的城堡供他处置和试验机器。

1717年11月12日，机器被单独安装在一个房间内并开始运转。然后，锁上大门并由两名侍卫昼夜守卫。直至11月26日，门被打开，领主和随从进入。他们见到轮子仍在转动，速度依旧不减。轮子被阻停，经过仔细察看后又将它启动。这回昼夜守卫着的大门紧闭了 40 天，1718年 1 月 4 日，大门再次被打开，一行专家进入后发现巨轮仍在转动。可是，领主还不满意，他决定开始第三阶段测验，将机器锁在屋内达整整两个月之久，当大门被第三次打开时，领主惊喜地发现轮子仍在转动。他郑重其事地给发明者颁发了一份羊皮证书，证明他的永动机每分钟转 50圈，能将 16 千克的重物提升 1.5 米。此机器可用作磨床和风箱的驱动。袋中藏着此证书，奥菲勒斯游遍欧洲，巨额钱款尽入囊中，试想他给彼得大帝的开价是不少于 10 万卢布！

奥菲勒斯的名声很快传入彼得大帝耳中。此君王有搜罗各类奇珍异宝的嗜好，或者讲是弱点。"永动机"自然让他动心。1715 年，当沙皇出国巡游时，他又被此发明吸引。于是，他派遣著名外交大臣奥斯特曼（A. I. Ostermann）前往一探究竟。尽管这位大臣还从没亲眼所见那玩意儿，但他还是很快给沙皇呈上了一份全面的报告。沙皇甚至还想邀请奥菲勒斯作为杰出发明家进宫服务，并为此咨询著名的哲学大师克里斯蒂安·沃尔夫（Christian Wolf）的意见。

给奥菲勒斯的出价一个高过一个，这真有点让他应接不暇。国王和王子们纷纷给予他优厚的奖赏。诗人们甚至为他作诗，赞颂那奇妙的轮子。但也有一些人认为他是个不学无术之人。越来越多的公开谴责见之报端，甚至有人悬赏 1 000 马克来揭穿他的骗术。图 4－12 是一篇揭发他文章中的插图，对"永动"的神秘性给出了一个相当简单的解释：一根绳索绕在一段转轴上，这段轴被封藏在支撑轮子的支柱中，一个巧妙隐藏起来的人拉动绳索来驱动转轮。

此骗局的最终曝光纯属偶然。在一次奥菲勒斯与他的妻子和仆人的激烈争吵中，他们道出了真相，因为他们从一开始就参与了骗局，否则

图 4-12　奥菲勒斯"永动机"的秘密

我们可能至今还被蒙在鼓里呢。这个臭名昭著的轮子确实由隐藏起来的人——他的兄弟和仆人,通过细绳所拉动。然而,那位"发明家"至死不认账,说妻子和仆人的揭发出于恶意报复。然而人们对他的信任已完全丧失,无怪乎他对沙皇的使者一再强调世界上充斥着恶意小人。

　　大约在同一时期,德国还有另一位颇有名气的"永动机"发明家,赫特纳(Hertner)。彼得大帝的使者舒马赫,对这位发明者的装置作如下描述:"在德累斯顿,我所见到赫特纳的装置由一块装满沙子的篷布和一个看似磨床的机器组成。机器不断往复运动着。发明者称不能将机器造得更大。"很不幸,这个机器同样不可能"永动",充其量只是由巧妙藏起来的人驱动的巧妙机关而已。所以,根本不可能存在"永动机"。舒马赫在给彼得大帝的报告中写得很对:"法国和英国的学者们嘲讽这些永动机是对数学基本原理的背弃。"

 **物理小词典**

匀速圆周运动

它是指物体沿圆周做速率不变的运动。由于物体的速度方向时刻在改变,所以必须有一指向圆心的合外力(可以是引力、弹力等或它们的合力)作用在物体上。这一合外力称为向心力,它使物体产生向心加速度 a ,$a = \dfrac{v^2}{R}$ 。其中,v 为圆周运动的速率,R 为圆周的半径。向心加速度表示做圆周运动的物体速度方向改变的快慢。

惯性系 非惯性系

惯性系,又称惯性参考系,指牛顿运动定律在其中成立的参考系。相对于惯性系静止或做匀速直线运动的参考系属于惯性系。例如,如果把地面看作惯性系(实际上地面不是严格和精确的惯性系),相对地面静止或做匀速直线运动的参考系都可称为惯性系。

非惯性系,又称非惯性参考系,指牛顿第一、第二定律在其中不成立的参考系。相对于惯性系做加速运动的参考系属于非惯性系。

惯性力

它是为了在非惯性系中运用牛顿运动定律而引入的假想力,即不存在施力物,并不是真实存在的力,而只是物体惯性的体现。惯性力大小等于物体的质量乘以该非惯性系相对惯性系的加速度,方向与此加速度方向相反。在绕轴旋转的非惯性系中,惯性力称为惯性离心力,大小等于使物体转动的向心力,方向与向心力的方向相反。

科里奥利现象　科里奥利力（以发现该规律的法国科学家的名字命名）

科里奥利现象：在旋转体系中物体相对体系运动时，由于惯性使物体相对旋转体系的直线运动发生偏移的现象。如体系以逆时针方向旋转，物体向前行方向右侧偏转，例如在北半球。反之，如体系以顺时针方向旋转，物体向前行方向左侧偏转，例如在南半球。在赤道上无此现象，在大尺度流体运动中表现为气旋（反气旋）、大气环流和洋流、飓风和龙卷风。

科里奥利力：为了在转动体系中能用牛顿定律描述此现象，所引入的假想惯性力。如旋转体系为自转的地球，也称为地转偏向力，它会使相对地表运动的气流、洋流的方向发生偏转。

能量转化和守恒定律

能量既不能凭空产生，也不能凭空消失，只能从一种形式转化为另一种形式，或从一个物体转移到另一物体。在转化和转移过程中，能量的总和保持不变。

永动机

它是指不消耗能量而能永远对外做功的机器。任何做功的过程必然伴随能量的转化和转移。所以，造不出无需能量转化或转移，而始终能永远对外做功的机器。

第五章 液体和气体的性质

5.1 两把咖啡壶

图 5-1 中是两把粗细相同的咖啡壶,左边的比右边的高。哪一把壶能盛的咖啡更多呢? 肯定有人会脱口而出,当然是高的那把呀! 但是向壶中注液体时,至多只能到达壶嘴的高度,若再继续注入液体,就会从壶嘴流出。图中两把壶的壶嘴高度一致,所以高壶最多能盛的咖啡体积与低壶相同。道理很简单,咖啡壶的壶身和壶嘴就是一个连通器。尽管壶嘴部分所盛的液体远少于壶身部分,但里面的液体必定处于同一水平面上。除非壶嘴足够高,否则多余的液体便会从壶嘴溢出,壶身就永远注不满。通常,壶嘴略高于壶顶,这样即使咖啡壶稍倾斜,里面的咖啡也不会溢出。

图 5-1 哪一把壶能盛的咖啡更多

5.2 古罗马渡槽

　　至今,罗马的居民还在使用他们先祖古罗马人留下的渡槽。古罗马的奴隶确实建造了伟大的工程,但从物理基础知识角度来看,古罗马的工程师的确知之甚少。图 5－2 是从德国慕尼黑博物馆收藏中复制的画。在画中可看到,古罗马人并没有将输水渠道埋设在地下,而是架设在高高的石拱上。用今天这种地下输水管道岂不是简单得多吗？或许当初的罗马工程师对连通器原理的认识相当模糊,他们认为如果用管道把两个水池相连,它们的水位不一定能达到同一高度。因为如果将水管顺着起伏不平的地势埋设,水只会从高处流向低处,怎么可能再向高处流呢。这或许就是古罗马人的渡槽全程逐渐向下倾斜的道理。为此他

图 5－2 古罗马的输水渡槽

们将水渠架设在高高的石拱上,让它迂回曲折地延伸。有一条叫玛西亚古罗马渡槽全长 100 千米,但连接两个水池间的直线距离仅仅只有渡槽长的一半。[1]

5.3 液体会向上压

即便没学过物理,大家都知道液体会对容器底部和侧壁施压。但许多人可能从没想过液体还会向上施压,用一个普通的煤油灯罩便可轻易展示这一点。找一块硬纸板,剪下一个比灯罩口略大的圆片,用手将圆片按压在灯罩口上,然后如图 5-3 所示,将灯罩口朝下插入一缸水中。为了防止插入水中时纸片滑脱,可用一根细线粘在纸片上,把细线另一端向上引出灯罩并用手指压住。当灯罩插入水中一定深度时,将压住线的手指松开,你会发现纸片被水向上压在灯罩口上。

你还可用以下方法测出这个向上压力的大小。沿着灯罩内壁小心

---

1 古罗马渡槽是人类建筑史上的奇迹之一。固然古罗马人缺乏对连通器原理的认识,但将水渠长而缓缓渐倾的建筑特点完全归于这一点还有待考察。事实上古罗马输水渠有相当部分也是位于地下的,但在谷地和地形崎岖之处则采用高架石拱桥的渡槽。由于瘟疫等原因,古罗马人追求洁净的水源,而洁净的水源多位于高处,所以要建水渠将水输送到人口集居处。根据连通器原理,为了图省事可直接把沟渠铺到谷底,再从谷地铺上山,以此越过障碍。但巨大落差会产生强大水压,把谷底水渠冲毁。所以在地形崎岖处,古人架设很高的拱桥来垫高输水沟渠,并让沟底微微倾斜,使水以较为平缓流动的方式输抵城市蓄水池。外观上,渡槽很宏伟,但它的倾斜用肉眼甚至观察不出来,这证明古罗马人的工程技术已令人叹为观止了。但是,如果根据现代科学原理和工程技术水平去要求古人建一条直通两地、翻山越岭的输水管道,这实在是勉为其难了。——译者注

图 5-3　证明液体会向上施压的简单方法

地慢慢注入水,当灯罩内外水面相平时,纸片就会脱落。这是因为此时纸片受到的下面水向上压力等于灯罩中水柱向下的压力,此水柱的高度就等于灯罩插入水中的深度。这就是液体对任何浸在其中物体的压力的规律。这也正是著名的阿基米德原理所说的浸在水中物体会"失去"重力的原因所在。[1]

　　找几个罩口大小相同但形状不同的玻璃灯罩,按前面同样的方法和步骤,将它们逐一插入水中并向罩内缓缓注水,并标记下罩口纸片脱落时罩内的水位。结果你会发现:只有当罩内水位达到同一高度,即与罩外水面相平时纸片才会脱落,这与注入水的多少,即罩的形状无关(见图 5-4)。实验结果证明了如下规律:液体对容器底部所施加的压力仅取决于容器底部的大小和离液面的高度,而与容器形状无关。必须指明:此处是指高度而不是长度。两个柱状容器,一个长而倾斜和一个短而竖直,只要它们的底面积相同,容器中液面高度一样,液体对容器底部的压力便相同。

1　阿基米德原理:浸在水中物体减少的重力(即所受浮力)等于液体对物体上下表面的
　　压力差。——译者注

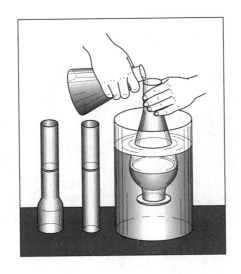

图 5-4　液体对容器底部的压力仅取决于容器底面积和液体深度

5.4　天平哪一边更重

　　如图 5-5 所示,天平一边放一盛满水的桶,另一边也放一相同的盛满水的桶,但水面上漂浮着一个木块。天平哪一边更重呢? 对此我曾问过一些人,但回答往往相反。有的讲有木块的那边重,因为多了块木头。有的说只盛水的那边重,因为水比木头重。其实,他们都错了,天平仍保持平衡,因为两边重力相等。理由如下:放木块的水桶中的水较少,因为木块排开了部分水,根据浮力定律,木块的重力等于被它排开的水的重力,所以天平仍保持平衡。

　　以下是另一个有趣的问题。把一个没盛满水的玻璃杯放在天平左

图5-5　两个相同的桶都盛满了水,其中一个水
面上浮着一木块。哪边更重些

盘中,在杯旁再放一个砝码,在右盘中加砝码使天平平衡。现在把左盘
杯旁的砝码放入杯中,此时天平向哪边倾斜? 根据阿基米德原理,砝码
在水中比在盘中轻,那么天平是否会向右边倾斜呢? 事实上,天平仍保
持平衡,为什么? 这是因为砝码浸入水中后,杯中的水面会升高,水对杯
底的压力会增加。根据阿基米德原理,砝码在水中所受的浮力恰好与水
对杯底所增加的压力相等。

5.5　液体的天然形状

我们通常认为液体是没有固定形状的,实际上这并不完全正确。任
何液体的天然形状都呈球形,只是重力作用常使它无法保持自己的天然
形状。液体如果从容器中洒出,它呈现薄层状; 如果盛在容器中,它呈现

容器的形状。但如果将液体放在另一种密度相同的液体中,根据阿基米德原理,它所受的浮力恰好等于所受的重力,此时该液体处于完全失重状态,重力对它形状的作用无从显现,于是它便呈现出了球形的天然形状。

　　由于橄榄油会浮在水面上,而在纯酒精中却沉底,所以只要将水和纯酒精以恰当比例混合,橄榄油在这种混合液中既不会上升也不会沉底。如果用滴管将橄榄油缓缓注入这种混合液中,油滴会呈现球形悬浮在混合液中(见图5-6)。这个实验必须在平壁容器中做,而且需要耐心和仔细。否则,油滴不易出现大球形,而是分散成几个小球。如果不成功,不要感到灰心,即使这样,也足以说明问题。

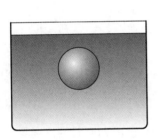 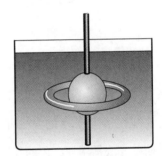

图5-6　稀释酒精溶液中的悬浮油滴　　　　　　图5-7　由细棒带动的旋转油滴甩出一个油环

　　继续进行上面的实验,取一根细棒或金属丝穿刺过球形油滴中心,转动细棒,球状油滴会随之旋转。如果在细棒上先插一个浸过油的圆纸片,并将它全部插入油滴中,细棒转动时,球形油滴会变扁,几秒后会向外甩出一个圆环(见图5-7)。接着,圆环分裂成一些球形小油滴绕着中央的大球形油滴继续旋转。

　　比利时物理学家普拉托(Plateau)最早做了这一启发性的实验。用另一种更简单的方法也可做此启发性的实验,步骤如下:取一个小玻璃杯,用清水洗净后注入橄榄油;再将它放入一大玻璃杯中;接着小心地向大玻璃杯中注入酒精,直至将小杯完全浸没;最后用汤勺将水沿杯壁缓缓注入大玻璃杯中。一勺勺慢慢注水,可以看到小玻璃杯中的橄榄油逐渐膨起。继续缓慢注水,直至小杯中的橄榄油完全脱离小杯,形成一个圆球悬在小玻璃杯口上方酒精和水的混合液中(见图5-8)。

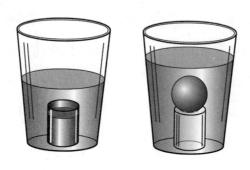

图5-8　简化的普拉托实验

假如没有酒精,你也可用苯胺代替橄榄油做此实验。由于苯胺在室温下呈液态且比水重,当水被加热至75～85℃时,苯胺又比水轻。利用苯胺这一特性,用逐渐加热水的方法可让苯胺液球悬浮于水中。另一种不用加热水的简单方法是用深红色的邻甲苯胺液,它在24℃时的密度与一定浓度的盐水相同,这样红色的邻甲苯胺球状液滴便能悬浮在盐水中了。[1]

5.6　铅弹为什么是球形的

任何液体在失重时都会呈现其自然形状,即球形。物体在刚开始下

1　请不要尝试,这两种化合物有刺激性气味且有毒。——译者注

落时,空气阻力很小,可以忽略不计,它处于完全失重状态,所以下落的液体也应呈球形。(雨滴在刚开始下落时是加速的,但过了半秒后就变成匀速下落。这是因为空气阻力随雨滴下落速度增大而变大,此时雨滴的重力已被空气阻力平衡。)

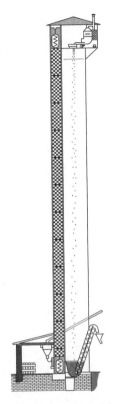

　　事实确实如此,下落的雨滴就是圆球形的。铅弹的制法也依据了此原理:熔化的铅液从高空下落时已呈球形,最后落至冷水槽中固化,制成一个个球形铅弹。这样制出的铅弹也称为"塔弹",因为它是从一高塔上落下的(见图5-9)。这种高塔的金属结构高45米,塔顶有一个熔铅炉,塔底是水槽。球形铅弹经过分级和处理后再出厂。其实,熔化的铅液滴在下落过程中已经凝固,水槽主要是为了缓冲,防止球形受损。(直径大于6毫米的铅弹称为"筒弹",它是将铅棒切成小段再碾压而成的。)

图5-9　制造铅弹的高塔

5.7　"无底"酒杯

　　将水注满一个稍大的玻璃酒杯,直至水溢出杯口为止。取一把大头针,试一下你还能将几枚大头针放入杯中,水却不溢出。

　　如图5-10所示,用手指捏住针头让针尖浸入水中,小心翼翼地轻轻释放,让大头针落在杯底。向杯中放针时,切勿扰动水面,让水溅出。如此重复,你放入了 10 枚,再 10 枚,又 10 枚,杯中的水还是没有溢出。当杯底积有 100 枚大头针时,水仍旧没有溢出,杯口边缘的水面也没明显升高。

图 5-10　奇妙的加针实验

　　继续小心地向杯中放针,杯底的针可达数百枚之多。你甚至可将 400 枚大头针放入杯中,而水却不会溢出一滴。不过,此刻杯中水面已稍稍凸起在杯口边缘之上了。如何解释这一看似不可思议的现象呢？只要玻璃稍稍被抹上点油,水就难以润湿玻璃。如同所有的瓷器和玻璃器皿一样,由于手指接触等原因,玻璃酒杯口多少总会留下点油迹,于是被大头针所排开的水便无法润湿杯口溢出来。由于表面张力的作用,杯口的水面会略微鼓起,但凸起很不明显。有兴趣的话,可估算一枚大头针的体积和杯口上这薄层鼓起来水的体积,并加以比较。结果显示,前者只是后者的数百分之一,这就说明了为什么盛满水的玻璃酒杯中还能放进数百枚大头针,却无一滴水溢出。

　　杯口越大,鼓起薄层水的体积就越大,能容纳的大头针便越多。以下粗略的估算能更清楚地说明这一现象。一枚大头针长约 25 毫米,粗约 0.5 毫米,根据圆柱体的体积公式 $\dfrac{\pi d^2 h}{4}$ 可得,体积约为 5 毫米³。加上针头体积,一枚大头针体积不会超过 5.5 毫米³。如果玻璃杯口直径为 9 厘米,即 90 毫米,则杯口面积约为 6 400 毫米²。假设杯口水面上鼓不超过1 毫米,这薄层水的体积约为 6 400 毫米³,是一枚大头针体积的 1 200 倍。换言之,一个盛满水的玻璃酒杯中能放进 1 000 多枚大头针! 确实只要足够仔细和耐心,你就能放进 1 000 枚大头针。此时,你会看到整个杯子里到处都是大头针,有的甚至穿出水面,但仍旧没有一滴水溢出。

5.8　会到处"爬行"的煤油

用过煤油灯的人都知道煤油是个很麻烦的"家伙"。你刚刚给煤油灯加满了油,并把油罐外壁擦得干干净净。一小时以后,外壁上又油乎乎的一片。你只能怪自己没有旋紧油罐,煤油会在玻璃上延展,从容器的极细小缝隙中渗出并到处"爬行"。为避免这种麻烦,你只能尽可能旋紧灯的油罐。但在此之前,别忘了检查一下:罐内的油不能注满。因为当灯热起来后,煤油的体积膨胀相当可观,温度每升高 100℃,体积增大约十分之一。为此,必须在罐内为煤油膨胀留下足够的空间。

许多轮船用燃油(或煤油)的发动机驱动,而煤油的渗出特性却带来不少麻烦。如航行前不严加检查和防范,千万不能用来运载除油以外的其他货物,这是因为煤油能从容器中任何不起眼的细微缝隙渗出。它不仅会在容器外壁上扩散,而且还会到处渗开,甚至乘客的衣物都会沾上那种挥之不去的气味。

与煤油这一令人讨厌的特性斗争常常徒劳无功。英国幽默作家

K.杰罗姆（K. Jerome）在他的《三人同舟》（*Three Men in a Boat*）一书中
展现了此种场景，其中的描述绝非夸大其词。他作品中所涉及的是石蜡
油，其特性与煤油极为相似。

> 我从没见过像石蜡油到处渗开那样的怪事。我们把它装在船
> 首，但它竟从那儿向下渗到了船舵上，它仿佛浸渍了整条船和船上
> 的一切。它渗到河面上，糟蹋了景色，败坏了空气。无论风从东西
> 南北哪个方向吹来，总带着一股油味。即使风从极地的雪原吹来，
> 或是从沙漠戈壁升起，它总是充满了石蜡油挥之不去的气息……
>
> 这股向上弥散的气息遮蔽了日暮黄昏的美景，皎洁的月光也沾
> 上了阵阵刺鼻的油味……
>
> 我们把船泊在桥边，去城里溜达来逃脱这股怪味。但这气味与
> 我们如影相随，好像整个城中都充满了石蜡油。（其实是他们的衣
> 服带上了石蜡油的气味。）

煤油具有透过很细缝隙浸润容器外壁的特性。[1] 有些人误以为这一
现象是因为煤油具有渗透金属或玻璃的本领。

5.9　不沉的硬币

硬币能浮在水面上，这不仅能在童话中读到，而且几个简单的实验

1　煤油对玻璃、金属有很强的附着力，对它们极易浸润。现代技术中利用这一特性来检
　　漏和探伤，找出器壁和材料中细小的缝隙和瑕疵。除这一特性外，煤油中的一些化学
　　物质有很强的挥发性，挥发性随温度升高而增强，这也导致煤油极易在空气中弥
　　散。——译者注

就能证明,这真能做到! 先从一根缝衣针这样细小的物体开始,看如何
让钢针浮在水面上。其实这还真不难。先将一小片卷烟纸或干纸巾放
在水面上,再将一枚干净的钢针轻轻地放在纸中央。用另一根针或牙签
将纸片周边缓缓压入水中,慢慢向中央压,使纸片浸透水沉下去,此时你
会发现钢针仍然浮在水面上(见图5-11)。将一块磁铁在杯外水面位置
处慢慢移动,你甚至可使浮在水面上的钢针打转。

图5-11　浮在水面上的钢针[上图:2毫米粗钢针和它形成的凹陷水面的横截面图
(已接近相当夸大);下图:如何用一小片纸让钢针浮在水面上。]

　　练习数次后,不用纸片你也能让钢针浮在水面上:用手指捏住针的
中间部位,在靠近水面时轻轻地水平放下即可。用相同方法,你也可用
一枚直径不超过2毫米的大头针、一颗轻的纽扣或小而轻的平面状金属
物替代做实验。待熟习后,你就可尝试硬币了。

　　由于手指接触过针后,它便覆上了薄薄一层油脂,所以水很难浸润
(或润湿)金属针。水面受到针的压力会形成一个下凹的曲面,你甚至可

以看出这下凹的水面。下凹的水面会产生试图恢复原先形状的表面张力，[1]正是液体表面向上抬起的张力托住了钢针。要使钢针或硬币浮在水面上，最简单的办法是在它们表面抹一薄层油。[2]

5.10　用筛子盛水

　　筛子可以盛水？这并不只有在童话中可以实现，物理可帮助我们实现这看似无法做到的事情。取一个直径为 15 厘米、网孔不小于 1 毫米的金属丝网，把它在熔化的石蜡中浸一下取出，这样，金属丝便裹上了薄薄一层几乎看不出的石蜡膜。这仍然是一个有许多孔的筛子，针可畅通无阻地穿过这些孔。现在你可用这个有孔的筛子来盛水了，而且能盛的水还真不少呢！唯一需要注意的是，向筛子中缓缓注水时不要晃动筛子。

　　为什么水不从筛孔中流走呢？由于水不会浸润石蜡，筛网的每个网孔中就会形成一薄层下凸的水膜，正是这薄层水膜产生的表面张力阻止了上面的水漏出筛孔（见图 5‑12）。这个上过蜡的筛网不仅可盛水，它

1　你可将气球的橡皮膜想象成一薄层水膜。用手指按下气球表面上一点，由此可体会由于橡皮膜形变产生的张力。水面上这薄层水膜由于变形而产生的表面张力与此同理。——译者注

2　这样，水便不会浸润钢针或硬币。水面受压会变形下凹，由此产生的表面张力的合力与硬币的重力相平衡，于是弯曲的水面托起了硬币。——译者注

还可像小舟一样浮在水面上呢![1]

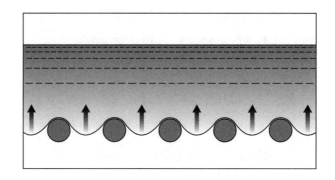

图 5-12　为什么筛子能盛水

　　这个看似让人惊诧的实验说明了这样一个道理：生活中有不少习以为常的事，但我们却从没好好思索过其中的道理。例如，给木桶和船上焦油，在栓上涂抹油脂，用油性涂料刷屋顶等，诸如此类的工作都是利用液体同样的特性来防水。而给衣服涂胶完全与上面给筛网上石蜡一样，只不过衣服是一件很特别的"筛子"而已。

5.11　有用的泡沫

　　水面浮针或硬币的实验与采矿业中"泡沫选矿"有些相似。所谓"选

1　筛子盛水与水面浮针都基于同一原理，即水不会浸润抹过油或裹上石蜡的金属，这样便会形成一薄层有凹陷的水膜。利用水膜的表面张力，可支撑钢针和筛子所盛的水。唯一不同的是，上一节中是钢针放在水面上，而这里是水盛在由许多长而细的金属丝编成的筛子里。将筛子当作小舟则是钢针浮水的增强版而已。——译者注

矿"就是增加矿石中的有用成分。有许多方法可以处理开采下的矿石即"选矿"，其中"泡沫浮选"是最有效的一种。

"泡沫浮选"法的具体过程如下：将碾成碎末的矿石倒入一只盛有水和油的槽里搅拌。所用的油只能浸润（润湿）有用矿物的微粒，包裹在它们外面形成一薄层油膜使其不沾水。然后向桶中吹气，形成由大量小气泡组成的泡沫。由于水不会浸润被油膜包裹住的矿物微粒，即它们不沾水，在水表面张力作用下，它们会吸附在气泡壁上（见图5-13），随气泡一起上升。由于泡沫中的小气泡比矿石碎末的微粒大许多，所以小气泡能带着许多矿石微粒上升，此时小气泡则犹如一个气球吊篮。由于矿石中无用的脉石微粒外没有油层包裹，它们不会吸附在气泡上，于是下沉。结果几乎全部有用矿物的微粒被带到水面的泡沫中，接着经过脱油待进一步处理。通过选矿所获取矿物的含量比开采下的矿石提高了几十倍以上。根据各种不同的选矿要求，必须选取分离所需矿石和脉石的合适试剂（油），这是泡沫浮选法技术成功的关键。

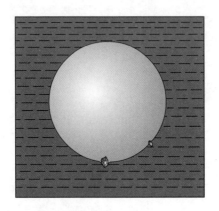

图5-13　浮选的原理：矿石微粒吸附在气泡上的过程（注：水和泡内空气的界面是个球面，正是这薄层球面状水的表面张力把矿石微粒吸附在气泡上。所以，本节开头讲的浮针实验与浮沫选矿的原理有些相似。）

泡沫浮选要追溯到19世纪末的一次偶然发现，当时还没有任何理论对此作出解释。某天，一位叫卡丽·埃弗森(Carrie Everson)的美国女教师在洗涤装过黄铜矿的麻袋时，发现袋中留下的矿石碎末竟和肥皂泡沫粘在一起浮在水面上，泡沫浮选的技术便由此起步。其实许多技术的发明往往领先于科学原理的发现。

5.12　利用液体工作的"永动机"

图 5-14 所示的装置有时被认为是真正的"永动机"。许多灯芯将底部容器中的油(或水)一级级地吸升到最上面的容器中，最上面的容器有一个出口，液体由此流下推动叶轮的叶片。许多灯芯又将流回底部容器中的油吸升到最高的容器中，如此周而复始，叶轮就会永远转动下去了。

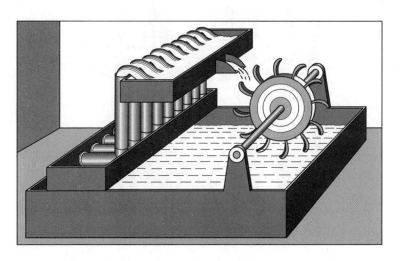

图 5-14　用灯芯输液的水力"永动机"

　　如果设计此装置的"发明者"千辛万苦地做了一台,那么他肯定会发现:没有一滴液体会被灯芯吸升到最上面的容器中! 顺便讲一下,毫无必要真的做一台此装置来证实这点。根据毛细现象,附着力能克服液体的重力,将液体在灯芯中提升,但正是同样的力也阻止液体从吸满液体的灯芯毛孔中渗出。即便灯芯能将液体吸升到上面容器的高度,但灯芯必须下弯至容器底才可能使液体渗出,而这种事绝不会发生。正是发明者以为被灯芯吸升的液体还能再从灯芯中流出,所以他才构思了这台"真正的永动机"。

　　无独有偶,还真有人设计了另一台也由液体驱动的"永动机"。图5-15就是1575年一位意大利机械师设想的有趣装置。机器转动时,阿基米德螺旋将水从底部水槽提升至顶部水槽。水从顶部水槽流下,冲击一个大叶轮的叶片使它转动并流回底部水槽。转动的叶轮驱动一台磨床,同时又带动螺旋输水至高处容器。如果这种轮子带动螺旋,螺旋又反过来驱动轮

图5-15　古人设计的"水力永动机"带动磨刀石转动

子的把戏真能实现,还不如造一个更简单的"永动机":用绳子在一个滑轮
两边挂相同的重物,一边重物落下时提升了另一边重物,另一边重物落
下时又提升了这边重物,如此来来去去,岂不也是一个蛮好的"永动机"。

5.13 吹肥皂泡

你知道怎样吹肥皂泡吗? 这并非听起来这么简单。我起先也以为
这没有什么特别的,但直到亲眼所见后我才明白:吹出一个大而美丽的
肥皂泡的确是一门技术,没经验还真不行。外行总认为像吹肥皂泡这种
雕虫小技没啥研究价值,但物理学家却不这么看。英国大物理学家开尔
文(Kelvin)曾讲过:"试着吹个肥皂泡并仔细观察它,其中的物理知识够
你研究一辈子。"

确实,通过研究肥皂泡薄膜上那彩虹般的魔幻色彩,物理学家测量
出了光波的波长。通过研究那层肥皂泡薄膜中的张力,物理学家确立了
粒子间相互作用的定律——如果没有粒子间这种内聚力的作用,我们的
世界至今还是一团由超细粉尘组成的云雾。

以下几个实验并非要说明上面这些艰深的知识,它们仅是一些颇具
启发性、趣味性的小实验,它们会教给你怎样吹出漂亮的肥皂泡。在英
国物理学家查尔斯·波依斯(Charles Boys)的名著《肥皂泡和形成它们
的力》(*Soap Bubbles and the Forces Which Mould Them*)一书中,有相
当篇幅描述了用各种不同肥皂泡所做的实验。如果你有兴趣,这本书确
实值得一读。

以下只是一些最简单的肥皂泡实验,用一般的洗衣皂液就能做,但香皂不太合适。你也可用纯橄榄油或杏仁油肥皂,用它们可以吹出大而漂亮的肥皂泡。准备一杯冷的雨水或雪水,也可用冷开水代替。让一块肥皂慢慢在冷水中溶解,直至肥皂液上形成厚厚一层细密的泡沫。如果要使肥皂泡保持较长时间,可在皂液中加入三分之一容积的甘油。现在先用匙子刮去皂液表面那层泡沫,再在一根细吸管的一端里外擦点肥皂。(用一根一端开裂成十字型的 10 厘米长细麦秆效果会更好。)将细管此端在皂液中浸一下再竖直取出,管口便覆上了一层皂膜,在细管另一端轻轻吹气。由于从肺内呼出的热气比空气轻,只要肥皂泡被吹到直径约 10 厘米大时它就会飘升开去。如不行,就再在皂液中加肥皂,直至能吹出直径约 10 厘米大的肥皂泡。接着用手指先在皂液中蘸一下,然后轻轻地戳吹出的肥皂泡。如果肥皂泡没破,便可继续实验。如果破了,那还得向皂液中加些肥皂。做实验时要缓慢和小心,力戒仓促。室内光线要充足,否则肥皂泡上的虹彩不会显现。接着便可试一下后面几个趣味实验了。

(1) 肥皂泡中的花朵

将皂液注入一盘中,皂液厚约 3 厘米。将一朵花或一个很小的花瓶放在盘中央,再在上面盖一只玻璃漏斗。轻轻地提起漏斗,同时在漏斗上面一端吹气,慢慢吹出一个肥皂泡。当泡足够大时,倾侧漏斗让它脱开,于是一个透明和显现虹彩的半球形皂泡内躺着一朵花或花瓶。也可用一个小的塑像代替花朵,还可在塑像头上戴上一顶小小的皂泡皇冠(见图 5-16)。为此在盖漏斗前先要在塑像头上滴些皂液,吹出大皂泡后,用一根细管刺穿皂膜,然后在塑像头上吹出一个小皂泡。

(2) 肥皂泡巢

先用上面实验中的漏斗在盘中吹出一个大肥皂泡。取一根细的吸管,在它一端浸点肥皂液。接着,将这端慢慢刺进大肥皂泡中央,再小心地向外移至大肥皂泡内壁附近(不要移出大肥皂泡)。然后,慢慢在大肥皂泡中吹出第二个肥皂泡。如此重复,吹出一个套住一个的肥皂泡巢来。

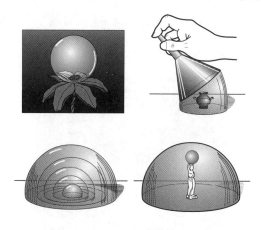

图 5-16　肥皂泡实验

(3) 圆柱状肥皂泡

你要用两个金属丝圆环来做圆柱状肥皂泡。如图 5-17 所示,先吹一个肥皂泡,让它附在下面圆环上。再用另一个圆环蘸取皂液,将它平放在下面圆环上的肥皂泡上。慢慢往上提起此圆环,肥皂泡被渐渐拉长直至呈圆柱形为止。如果你将上面的圆环提升到比圆环周长还大的高度,一半的圆柱状肥皂泡壁会收缩,另一半会膨出,直至分成两个独立的肥皂泡。

图 5-17　怎样做出圆柱状肥皂泡

由于表面张力,绷紧的肥皂泡薄膜向内施压于泡内的空气。反过来,泡内的空气也向外施压于泡壁。将一个附着肥皂泡的漏斗的嘴对着一个蜡烛火焰,你会发现烛焰明显偏向一侧,如图 5-18 所示。这说明这种张力并非小到可以忽略。

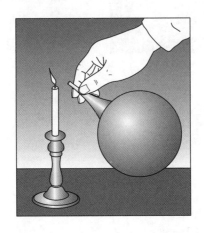

图 5-18　证明肥皂泡壁张力的实验

另一个关于肥皂泡的有趣现象是它的热膨冷缩。将肥皂泡从温暖处移至寒冷处,它的体积会明显地收缩。反之,将它从寒冷处移至温暖处,体积就会膨胀,这是由于泡内空气热胀冷缩产生的。如果在 -15℃ 吹一个体积为 1 000 厘米³ 的肥皂泡,将它移至 15℃ 处,它的体积将增大约 110 厘米³（1 000×30×1/273）。

必须指出,肥皂泡并非像通常所想的那样"短命",假如十分当心,它甚至可保存 10 天之久。因研究空气液化而出名的英国物理学家杜瓦(Dewar)曾做过一个实验,他将肥皂泡保存在无尘、干燥和避震的环境中,结果这些肥皂泡"存活"了一个月之久。而美国的劳伦斯(Lawrence)竟然在玻璃钟罩中将肥皂泡保存了数年!

5.14　最薄的东西

很少有人知道:肥皂泡膜是肉眼所见的最薄物体之一。通常我们用"细如发丝"或"薄如卷纸"来形容东西之细薄。但与肥皂泡膜相比,发丝和纸简直太厚了,它们竟比肥皂泡膜厚大约 5 000 倍! 一般人头发粗细的 200 倍约为 1 厘米,而若将肥皂泡薄膜的厚度也放大 200 倍,我们肉眼

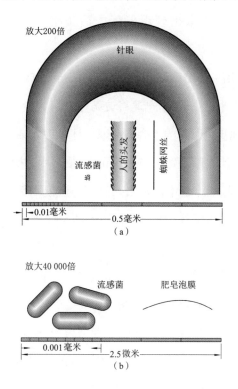

放大200倍
针眼
流感菌
人的头发
蜘蛛网丝
0.01毫米
0.5毫米
(a)

放大40 000倍
流感菌
肥皂泡膜
0.001毫米
2.5微米
(b)

图 5 - 19　(a)放大 200 倍的针眼、人的头发、细菌、蜘蛛网丝;(b)放大
40 000 倍的流感菌和肥皂泡膜

什么也看不到。只有再放大 200 倍，即放大到 40 000 倍，肉眼才能辨别
这细线般的尺度。假如将头发丝放大到 40 000 倍，那就有 2 米粗了！图
5‑19 展示了肥皂泡薄膜厚度与其他事物尺度的比较。

5.15　滴水不沾

　　取一个大盘子，放入一枚硬币，再向盘中注水，让水完全淹没硬币。
请你的客人从盘子中取出硬币但不能沾湿手指。看来不可能做到，
是吗？

　　其实你只要用一个玻璃杯和一片纸即可做到。点燃纸片，将它放入玻
璃杯中；然后拿去未燃尽的纸，迅速将玻璃杯口朝下扣在盘子里（勿将硬币
扣入）。你会发现盘中所有的水会自动地从杯口进入杯中，杯内水面升高，
上面飘着几缕白烟。稍待片刻，待硬币干后，便可用手指将它取出。

　　为什么玻璃杯能将盘中的水吸入，而且还能保持在一定高度？这是
因为燃烧的纸片加热了杯中的空气，杯中的空气因受热压强增大，体积
膨胀，一部分被排出杯外，后来杯中的空气冷却下来，压强比原先减少
了，这样杯外的大气压便将盘中的水压入杯中。你也可用几根插在软木
塞上的火柴代替纸片来做实验（见图 5‑20）。

　　早在公元 1 世纪时，拜占庭科学家菲洛（Philo）就曾描述和解释过这
个实验。对以上这个古老的实验有一种错误的解释：即认为纸片燃烧时
消耗了杯中的氧气，导致杯中的空气量减少。事实上，水从下面流入杯
中与消耗氧气毫无关系，这一现象就是因为空气受热膨胀。你可换一种

图 5-20　怎样不沾湿手指取出水盘中的硬币

方法来加热杯中空气,例如用开水烫过的杯子做实验,盘子中的水也会进入倒扣的杯子。[1] 另一种证明与耗氧无关的方法是用浸过酒精的棉球替代纸片,这样燃烧时间更长,加热效果更好。结果从下面流入杯中的水几乎可达杯子高度的一半,而氧气只占空气体积的五分之一。此外,燃烧时除了耗氧,还会产生二氧化碳和水蒸气。二氧化碳会溶于水中,而水蒸气会替代一部分耗掉的氧气。

5.16　怎样喝水

喝水难道还成问题吗? 将玻璃杯或汤匙放在嘴边,用嘴稍吸一下,

---

[1] 利用空气热胀冷缩的特性,通过加热方式将容器内的部分空气排出容器外。由于容器中剩下的空气少了,冷却后压强减小,这样容器中气压就比外面大气压小,产生一个负压区。在压强差的作用下,杯外的水被压入杯中使杯中水面升高。当杯中水面上方的气压加上杯中水柱产生的压强等于外面大气压时,杯中的水面便停止上升。——译者注

水就喝下去了。这一简单的动作如此习以为常,所以还真要解释一下。是什么让水流入口中的呢?喝水时,我们的胸部会扩张,于是口中的气体会变稀薄一点,外面的空气便会将液体压入压强较小的口中。假如将连通器一根管子上方的空气抽掉一些,大气压就会把这根管中的液面压上去。你喝水的过程与此相同。如果你用嘴把水瓶的口封住,那么你就无法将瓶中的水吸进口中,这是因为你口内的空气与瓶中水面上方空气的压强相同。所以,喝水时我们不但在用嘴,而且还在用肺,胸腔的扩展使口中产生一个负压区,大气压便将水压入口中。

5.17 改进的漏斗

用漏斗向瓶中注入液体时,你需要时不时向上提一下漏斗,否则液体不会持续不断地从漏斗口流入瓶内。之所以要这样做,是因为瓶中的空气找不到出口向外排出。开始注入时,瓶内空气只是被稍许压缩,气压增加很小,无法抵抗漏斗中的液压,液体能够比较顺畅地流入瓶中。随着瓶中液面升高,瓶内空气被显著压缩。压缩空气的压强逐渐与漏斗口上方的液体压强和大气压强相平衡,此时漏斗中的液体便停止流下。因此,你必须向上提一下漏斗,让瓶中的压缩空气泄出一些,压强减小,这样漏斗中的液体又能往下流了。我们可以对漏斗进行改进,将它狭窄部分的外面做成瓦楞状,使漏斗不能紧紧地塞进瓶口。这样瓶中的空气便不会被压缩,而一直与大气压相同,在液体的压力下漏斗中的液体便会不断流下。

5.18　一吨木头和一吨铁

一吨木头和一吨铁相比，哪个重？有人不假思索地回答"铁重"，结果会引起哄堂大笑。如果有人回答"木头重"，那恐怕会笑得更厉害了，这个回答简直不可思议，但严格地讲是正确的。

阿基米德原理不仅适用于液体，也同样适用于气体。在空气中的任何物体也会"失去"被它排开的相同体积空气的重力（空气浮力）。在空气中木头和铁同样会"失去"这部分重力，必须在称出的重力上加上这部分"失去"的重力，这才是物体真正的重力。所以，一吨木头的实际重力是一吨加上被它排开的空气重力。一吨铁的实际重力也该这样计算。

然而，一吨木头排开空气的体积远大于一吨铁所排开空气的体积，大约是铁的 15 倍。一吨铁的体积是 $1/8$ 米^3，而一吨木头的体积约为 2 米^3。它们所排开空气的质量相差约为 2.5 千克，所以一吨木头的真实质量比一吨铁的真实质量要多 2.5 千克。

5.19　没有重量的人

变得像羽毛般轻该多妙，这似乎是一种颇流行的观念。其实羽毛要比空气重几百倍,但由于羽毛大幅伸展(即表面积很大),它受到的空气阻力比自己重力还大,所以一片羽毛看似比空气还轻,犹如摆脱了重力的束缚在空气中自由飘荡。这是许多孩童乃至成人所憧憬的。但切勿忘记:正是因为我们比空气重,所以才能到处自由行走。

托里拆利(Torricelli)曾讲过:"我们生活在空气海洋的洋底。"假如我们突然一下子变得比地面附近的空气还轻,我们不可避免地会浮升到这空气海洋的顶层,直至那儿稀薄的空气密度和我们身体的密度一样为止。此时,那自由地飘过山巅、越过河谷的美梦已荡然无存。尽管摆脱了重力的羁绊,但你已完全处在气流控制下,成为它的俘虏。

作家赫伯特·乔治·威尔斯曾将此作为一个科幻故事的题材。故事的一位主角是一位教授,他发明了一种能减轻体重的神奇药方。而另一位是一个想方设法减肥的大胖子,他按处方服下了此药。

图 5-21　我在这儿

一天,教授去探视胖子,进门后除了满屋狼藉没有看见胖子的身影。

"我在这儿，关上门。"一个声音从上面传来。

教授抬起头，惊恐地发现：胖子竟然贴在天花板的一角，一脸恼怒和焦躁。教授关上门，走过去仰视着胖子。

"你滚落下来撞到东西会跌断脖子的。"

"我巴不得落下来呢。"胖子喘息道。

"你被什么东西挂在那上面了？"

很快，教授便发现胖子像只打足气的皮球浮在天花板上，并没被任何东西挂住。胖子拼命挪动身体，想顺着墙爬过来。

"就是你那药方。"胖子边爬边喘息道。

他抓住了一个画框，但没抓紧。框掉下来碎了，人又撞回到天花板上去了，浑身上下沾满了白灰。胖子再一次更小心地想抓住壁炉架爬了下来。这个看来像中风的大胖子居然头朝下从天花板上把身子挪下来，太奇怪了。

"药方太灵验了！"

"是吗？"

"我几乎完全没体重了。"

教授明白是怎么回事了。

"你想治愈你的肥胖症，但你总把这称为体重。"教授暗自高兴道。"让我帮你一把。"他握住胖子的手，把他拉了下来。胖子东歪西倒，怎么也站不稳，而教授好像手中握着一面被强风吹动的旗子。

"看那桌子，"胖子指着那边，"它又结实又重，快把我塞到下面去。"

教授照做了。胖子在桌子下晃荡，像只抓不住的气球。

"很明显，你千万不能移出门外，否则会蹿到天上去的。"教授提醒道。

"你得学会适应这种新情况,例如用手在天花板上爬行。"教授进一步建议。

"但我怎么睡觉呀?"胖子问。

于是教授把床垫翻了个身架起来,又将毯子和被子用带子和纽扣缚在床垫上。教授又用木梯把食物放在书架顶上让胖子取。他甚至找到一种绝妙的东西让胖子可以随意降落到地面上,这就是书架最上一排的大英百科全书。胖子只要顺手拿几本便可安全降落。在胖子把一块地毯往天花板上钉时,教授突然茅塞顿开。

"刚才都白干了,只要在你衣服里装块铅不就成了!"他喊道。

胖子激动得差点哭出来。"快去买块铅板来吧!"

"对,将铅板做成衣衬、鞋垫;再在手提箱中装个大铅块。这样,你不必再做'囚犯'了,而可以周游世界了。"教授很兴奋。"你再也不用担心邮轮失事了。到时,只要脱去外套和鞋,你又能浮回空中去了。"教授添了一句。

以上描写看似没有违背物理定律。但首先不符合事实的是:即便胖子失去了体重,他也不会升到天花板上去。根据阿基米德原理,就算不计胖子体重,他衣服的重力必须小于胖子身体排开空气的重力(浮力),他才能浮到天花板上。空气对人体的浮力很容易估算。人的体重约等于同体积的水重,约60千克。一般情况下,空气的密度约为水的1/770,所以人排开的空气质量约80克(60 000 克/770≈78 克)。胖子再重充其量也就100千克,他排开的空气质量至多也就130克(100 000 克/770≈130 克)。他的衣物总重肯定大于130克,所以他仍立在地板上。可能有一点飘飘然,但绝不会像气球那样浮到天花板上。只有在赤条条的情况下,他才会浮到天花板上。假使胖子的体重完全消失,只要他还穿着衣服,他也只可能像绑在蹦蹦球上一样,稍一跳便会向上跃起,接着又稳稳地落回地面。

5.20 永动时钟

前面介绍过不少关于"永动机"以及那些徒劳的"发明"。现在要介绍一种我称之为"恩赐动力"的机械,因为它可以在没有人力干预的情况下从周围的自然界中摄取取之不尽的能量,从而无限期地自主运行。我们可能都见过气压计,它通常有水银和无液两种。在大气压发生变化的情况下,水银气压计中的水银柱会随之上升或下降,而无液气压计的指针会随之左右摆动。

18世纪,有一位发明家将气压计原理运用于时钟,创造出了一款能自动上弦的时钟。著名的英国机械师和天文学家詹姆斯·弗格森(James Ferguson)于1774年目睹了此钟,并作了如下描述:"钟为什么不会停下来呢? 原来,它是靠一个安装巧妙的气压计中水银柱永无休止地升降来驱动的。钟内由此存储的能量足够让它运行一年,即便取走气压计,它也不会马上停下来。在我仔细检查此钟后,坦率地讲,无论从设计还是运行上,它是我所见过的机械中最好的。"

很不幸,后来此钟被盗,最终下落不明。幸好,弗格森画出了它的构造(见图5-22),所以还可能被还原出来。

这个钟由一个大型水银气压计和一套机械传动装置组成,气压计包括两个玻璃容器和内盛的150千克水银。低处的框架上吊一个盛水银的开口玻璃壶,其中倒插一个盛水银的长颈玻璃瓶,它吊在高处的框架上。在框架带动下,两个容器可以分别上下自由升降。当大气压增大

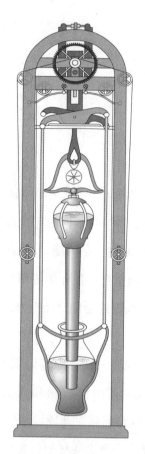

图 5-22　18 世纪的"恩赐动力"机械——"永动时钟"

时,一组巧妙的杠杆会使上面的长颈瓶下降,下面的玻璃壶上升。反之,当大气压减小时,它又使上面的长颈瓶上升,下面的玻璃壶下降。这两个移动都会带动一个小巧的齿轮总是向同一方向转动。只有气压不变时,齿轮才不会转动。即使在气压稳定的间隔,钟仍由原先存储的势能驱动。要使气压变化的同时重锤被提升,而在重锤下落时给钟的弹簧上弦,这并不容易,但古代的钟匠确实心灵手巧,成功解决了这一难题。由大气压变化所生成的能量甚至比钟走动所需的还多,也就是说,重锤上升的速度比下落的快,为此钟内有一个特别的装置,它能以固定的间隔关停重物上升。这样,就使重锤全程逐级上升。

　　这种"恩赐动力"的机械与"永动机"之间的差别很明显。"永动机"的发明者寻求无中生有的能量,"永动时钟"从周围的大气中摄取能量,而这种能量是太阳光存储在空气中的。从实用意义上看,如果不是在多数情况下制作成本太高,这种"永动时钟"还真具有"永动机"企图达到的优势。稍后我将讨论其他类型的"天赋权力"机器,并说明为什么这些东西在商业上绝对无利可图。

 **物理小词典**

质量　密度

　　质量:量度物质多少的物理量,属于标量。它与重力的数量关系是:重力＝质量×重力加速度,用符号表示为 $G = mg$。

　　密度:某种物质单位体积的质量。

液体内部压强　连通器

　　液体内部压强:液体内部所存在的由液体自身重力而引起的压强。由于液体具有流动性,液体内部向各个方向都有压强,在同一深度处向各个方向压强相等。压强大小只取决于液体种类(即密度 ρ)和深度 h,即 $p = \rho g h$。容器底所受液体的压力与容器盛液多少无直接关系。

　　连通器:几个上端开口、底部互相连通的容器组成的器皿。根据液体内部压强规律,静止时,各容器中的液面应位于同一水平面上,即各容器中液面应相平。

浮力　浮力定律

浮力：由于液体压强使浸在其中（或部分浸在其中）物体所受到的向上合力。

浮力定律（阿基米德原理）：浸在或部分浸在液体中物体所受的浮力大小等于它所排开液体所受的重力。

表面张力　附着力　内聚力

表面张力：液体表面层中分子间的吸引力，它使液表面积缩成最小。表面张力表现为抵抗液体表面积扩张，在它的作用下液滴表面有收缩到最小的趋势，使液滴成球状。

附着力：两种不同物质接触处所发生的互相吸引的力。它是不同物质分子间作用力的表现。只有当分子间十分接近，即两种物质紧密接触时，才显示出来，例如液体和固体的接触。

内聚力：同种物质内部相邻各部分之间的互相吸引力。它是同种物质分子间作用力的表现，只有分子间十分接近时才显示出来。内聚力使物质分子聚集成液体或固体。

附着层　浸润　不浸润　毛细现象

附着层：一种液体与某种固体接触时，在液体和固体接触处所形成的液体薄层。

浸润：当固体和液体间的附着力大于附着层中液体的内聚力时，附着层里的液体分子比内部更密，液体分子的间距变小，表现为分子斥力。这使附着层有扩展趋势，形成液体附着在该固体表面，润湿该固体的现象。

不浸润：当固体和液体间的附着力小于附着层中液体的内聚力时，

附着层里的液体分子比内部稀疏,液体分子的间距变大,表现为分子吸引力。这使附着层有收缩趋势,形成液体不附着在该固体表面,不润湿该固体的现象。

毛细现象:毛细管内液面上升或下降的现象。当液体浸润毛细管壁时,液体会在毛细管中上升;当液体不浸润毛细管壁时,液体会在毛细管中下降。

大气层　大气压

大气层:由于重力作用而围绕着地球的一层混合气体。厚度在1 000千米以上,没有明显界限。

大气压:作用在单位面积上的大气压力。数值上等于单位面积向上延伸到大气层上界的垂直空气柱的重力。大气压与高度、温度等因素有关。大气压习惯上用水银柱高度表示,一个标准大气压等于760毫米高的水银柱产生的压强。

第六章 热

6.1 莫斯科到圣彼得堡的铁路什么时候较长

从莫斯科到圣彼得堡的铁路有多长？答案是："平均 640 千米,但在夏天比在冬天约长 300 米。"

这个答案其实并不荒谬,事实的确如此。我们所讲的铁路长应该是指铁轨的长度,它在夏天确实比在冬天长。铁轨受热膨胀,温度每升高 1℃,长度就会增加原长的十万分之一。在酷暑,铁轨的温度可升至 30～40℃,甚至更高,有时手都可能被烫伤。而在严冬,铁轨的温度可降至 −25℃,甚至更低。假设夏冬两季的温差是 55℃,将铁轨全长(640 千米)乘以热膨胀系数(0.000 01),再乘以温差(55℃),结果约为 1/3 千米,所以说,莫斯科和圣彼得堡间的铁轨在夏季比在冬季要长约 300 米。

当然,这仅仅是指铁轨的长度,而不是铁路线的长度。听起来两者似乎是一回事,其实不然,这是因为铁轨不是一根紧接着另一根铺设的,铁轨连接处都留有自由膨胀的空隙。上例中,这些空隙的总和约长 300 米,这就给两地间铁轨的热膨胀预留了空间。(如果每根铁轨长 8 米,相邻铁轨间的缝隙在 0℃时应为 6 毫米,这就给温度升至 65℃时的铁轨伸长预留了空间。基于某些技术上的原因,有轨电车的每根铁轨间并不预留空隙,这是由于电车轨道埋在地下,温度变化不如在空气中变化那么剧烈,铁轨间一般直接铆合以防止温度变化引起轨道弯曲。但如果天气炎热,轨道也会弯曲变形,如图6-1所示。有时铁路轨道也会发生同样情形,尤其是下坡时,火车和枕木会一起拉紧铁轨。因此,这些空隙就会消失,铁轨彼此直接相连。)上述计算表明,铁路的总长度增加的就是这些空隙的总长度300米。总之,莫斯科到圣彼得堡铁路的铁轨在夏季确实比冬季长300米。

图6-1　非常高的气温导致轨道弯曲(从真实照片复制)

6.2　不受处罚的"盗窃"

每年冬季,莫斯科到圣彼得堡间几百米长的电话和电报铜电缆会毫无踪迹地消失。但没人为此担心,到底谁是罪魁祸首,大家都心知肚明。这个盗贼就是"霜冻",道理与铁轨一样,只是铜的热膨胀系数是铁的1.5

倍。当然,架设铜电缆不能预留空隙,所以在冬季,两地间的铜电缆线确实比在夏季短了 500 米。每到冬季,霜冻都会"盗"走近 0.5 千米的电缆,但这并不会使通信中断。到天气转暖后,被"盗"走的电缆又如数奉还。

然而,假如不是电缆而是一座桥,由霜冻引起的收缩后果可能要严重得多。1927 年,有一则新闻报道:"法国异常的寒冬正在损坏巴黎市中心塞纳河上的桥梁。桥的钢结构在极寒天气下收缩,导致桥面铺设的石块脱落,桥上交通暂时中断。"

6.3 埃菲尔铁塔有多高

如果有人问你埃菲尔铁塔有多高,在回答 300 米前,你或许会先反问:"你讲的是热天还是冷天?"当然,在不同温度时,这种巨型钢铁结构的高度不可能不变。温度每升高 1℃,一根 300 米长的钢棒长度会膨胀 3 毫米,埃菲尔铁塔的膨胀比例与此相仿。如果天气温暖晴好,铁塔的温度可达 40℃;如果阴冷多雨,铁塔温度可能降至 10℃。在寒冷的冬日,铁塔的温度可降至 0℃,甚至达 -10℃。尽管严寒很少光顾巴黎,但最大温差仍约为 40℃或更大,因此埃菲尔铁塔的高度变化约为 3 毫米×40 = 120 毫米 = 12 厘米。

直接测量揭示,埃菲尔铁塔对温度的变化要比空气灵敏。它比空气热得快,也冷得快。当天气由阴转晴,太阳钻出云层时,铁塔的温度比气温上升得更快。埃菲尔铁塔的高度变化可以用一根特殊的镍钢丝来检测,这种合金的热胀冷缩系数很小。所以,埃菲尔铁塔在天热时比天冷时"长高"了约 12 厘米,而这不需要花一分钱。

6.4 从玻璃茶杯到锅炉水位计

有经验的家庭主妇向玻璃杯中倒热茶时,往往在杯中先放一把汤匙,而且最好是银的汤匙,这样玻璃杯便不会碎裂。生活经验教会了她这样做,但其中的原理是什么? 为什么沸水会使玻璃杯破裂呢?

这是由于玻璃杯内外壁的不均匀膨胀造成的。向玻璃杯中注沸水时,杯子内外壁不会马上都热起来,内壁会很快热起来,但外壁还是冷的。被加热的内层玻璃迅速膨胀,而较冷的外层玻璃还来不及膨胀,因此受到内层玻璃膨胀的强力挤压,玻璃杯便破裂了。

那么,是否杯子越厚越不易破裂呢? 恰恰相反,杯壁越厚,越容易被开水烫裂。原因显而易见:杯壁薄,传热快,内外壁都能很快热起来发生膨胀,而杯壁厚,传热慢,杯子会因为内外壁不均匀膨胀而破裂。必须提醒的是:选购薄壁玻璃杯时,它的杯底也应该是薄的。这是因为沸水主要加热杯底,不论杯壁多薄,厚底杯照样会开裂。当然,厚底瓷杯也是如此。

壁越薄的玻璃容器,加热时越安全,所以化学家都用薄壁容器来烧水。当然,完全理想的容器加热时容器壁是不会膨胀的。石英玻璃几乎就是如此,它受热膨胀非常小,只有普通玻璃的 $\frac{1}{15} \sim \frac{1}{20}$。加热一个透明的厚壁石英玻璃容器,它绝不会破裂,即便将它烧到通红再放入冰水中,它也不会碎,部分原因是石英玻璃比普通玻璃传热性能更好。(石英玻璃容器广泛用于实验室,它的熔点可达1 700℃。)

玻璃杯不仅在突然被加热时会开裂,在突然被冷却时也会开裂。同样是因为不均匀地收缩,很快冷却的外层迅速收缩,向来不及冷却和收缩的内层施加压力。小心的主妇不会做这样的蠢事:将盛有滚烫果酱的玻璃罐马上浸到冷水中冷却。

那么,为什么要在玻璃杯中放一把金属汤匙呢?这是因为玻璃杯的不均匀膨胀是突然向冷的杯中注入滚烫的沸水导致的,如果注入的热水不太烫,玻璃杯就不会破裂。金属是热的良导体,沸水会将一部分能量很快地传给金属汤匙,水温有所降低,从而使杯内壁升温变慢。银汤匙更好,是因为银的导热性非常好,与铜汤匙相比,它能更快地将水的能量带走。所以,放在热茶中的银匙很烫手。根据传热快慢,我们甚至可判断制成汤匙的金属材料。

玻璃器壁的不均匀膨胀不仅有损茶杯,而且也会危及蒸汽锅炉的一个重要部件——玻璃水位计的安全。这种玻璃水位计安装在锅炉壁上,利用连通器原理来显示炉内水位。被炉内沸水和蒸汽加热,它的内壁比外壁膨胀得更厉害,加上炉内水蒸气的压力,玻璃管壁极易破裂造成事故。为此,玻璃水位计的内外壁分别用热膨胀系数不同的玻璃制成,内层的比外层的小。

6.5　泡澡后为什么穿不上靴子

为何冬季昼短夜长,而夏季昼长夜短呢?有一种解释如下:如同所有可见和不可见的东西一样,冬日的昼短是由于冷缩,而夜长是由于晚

间的灯火加热所致。这一荒唐可笑的说法出自契诃夫(Chekhov)小说中
一名退伍的顿河哥萨克军士。其实,用所学知识错误地解释某些现象的
例子并不少见。例如,泡澡后常穿不上靴子,于是便有脚受热膨胀的说
法,而这种解释与上面的例子一样可笑。

　　首先,人的体温几乎不会因泡澡而升高,绝不会升高 1℃以上。土耳
其浴也至多能让体温升高 2℃,人体能成功地适应各种环境气温,保持一
定的体温不变。其次,人体骨头和肌肉的热膨胀系数相当小,不到万分
之几。即使体温升高了一点点,人体的体积膨胀几乎可忽略不计,脚趾
和脚背充其量也就胀大百分之一厘米,也就如头发丝般细,难道靴子会
做得如此分毫不差吗?

　　那么,泡过热水澡后为什么不容易穿上靴子呢? 这是因为泡澡后腿足
部充血,皮肤肿胀,再加上湿润等因素。总之,这与热膨胀沾不上边。

6.6　显灵的把戏

　　亚历山大城内有一位叫希罗的古希腊机械师,他发明了一种以他名
字命名的喷泉。在他留下的文字中,希罗描述了埃及祭司在朝圣仪式中
用以显灵的两种巧妙方法。

　　图 6-2 是其中的一个装置,一个立于庙宇门外的中空金属祭坛,打
开庙宇大门的机械装置就藏于石板之下。点燃祭坛中的圣火,中空部分
里的空气受热膨胀,热空气向藏于地下的瓶子中的水施压,将水通过管子
压入桶中。桶的质量增大开始下降,便带动了开门装置(见图 6-3)。于

图6-2　古埃及庙宇中的"显灵"装置。当坛中圣火点燃后,庙宇门便会"自动"打开

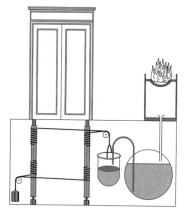

图6-3　庙宇的门是怎样开启的

图6-4　古埃及祭司的另一个"显灵"神器。油可以持续不断地滴入圣火中

是,只要祭司开始焚香祷告,庙宇的大门便会"自动"开启。另一个显灵神器如图6-4所示,中空金属祭坛的下方藏着一个与坛相通的油箱,坛边立着两个祭司雕像。祭坛点火后,膨胀的热空气将油通过封藏在祭司雕像内的管子压入坛内,因为油可以源源不断地自动添加,朝圣者便看到了永不熄灭的圣火。但是,如果朝圣者供奉时太吝啬,当班的祭司会悄悄拔去油箱上的塞子,让热空气流出来,结果坛中的圣火会慢慢熄灭,所谓"心不诚则灵不显"。

6.7 自动上弦的钟

前一章也曾介绍过一种自动上弦的钟,它的工作原理是基于大气压的变化。这儿再介绍一种自动上弦的钟,它的工作原理是热胀冷缩。图6-5描绘了一种这类钟的工作机制,它的关键部件是两根棒 Z_1 和 Z_2,它们由具有较大热膨胀系数的特殊合金制造。利用棒 Z_1 的受热膨胀推动齿轮 X 转动,利用棒 Z_2 的受冷收缩拉动齿轮 Y 往同一方向转动。齿轮 X 和 Y 均固定在轴 W_1 上,它们带动一个边缘有许多勺子的大轮。大轮底端和顶上分别有一个槽 R_1 和 R_2,它们的倾斜方向恰好相反。当右边大轮转动时,下部的勺子把底槽 R_1 中的水银带到顶槽 R_2 中,然后水银

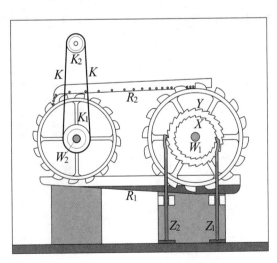

图 6-5 自动上弦时钟的构造

顺着顶槽 R_2 流到左边大轮边缘的勺子中,驱动左轮转动。左轮又安装在轴 W_2 上,它带动同轴的链轮 K_1 转动,K_1 又通过链带 KK 带动另一个链轮 K_2 转动。于是,K_2 就拧紧了钟的发条(螺旋型弹簧片),即给钟上弦。而水银又从左边大轮流到底槽 R_1 中,顺着槽流回右边大轮下方,如此循环不息。

显然,只要金属棒 Z_1 和 Z_2 不断交替热胀和冷缩,这个钟就能自动上弦。无需人为干预,气温升降必交替发生,这种自动上弦的钟能叫作"永动机"吗?当然不行。这个钟能永无止境地报时直至部件磨损,而驱动它的正是周围空气的冷热变化。它存储了由温度变化转化的能量,然后一点一点地消耗,带动指针转动。这种钟真可谓是个"赐能"机械,无需照料和花费,但它并非凭空创造出能量,它最原始的能量来自太阳,正是太阳温暖了地球上的万物,包括空气。

图 6-6 和图 6-7 给出了另一种自动上弦的时钟的结构,它的基本工作物质是甘油。气温上升导致甘油膨胀,由此提升一个小的重锤,重锤下降时,带动钟运行。由于甘油在 -30℃ 凝固,在 290℃ 沸腾,所以这种钟十分适合作为城市广场的户外报时装置,只要温差达 2℃,钟就能自动运行。人们曾经试验了这样的钟一年时间,结果很满意。

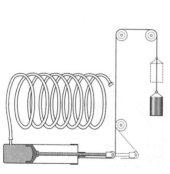

图 6-6　另一种自动上弦的钟

图 6-7　自动上弦的钟,注满甘油的金属管藏在钟座下面

如果能利用同样原理制造一个更大的动力机械岂不更好？这种自然界赐能的机械看来相当划算呀！现在研究一下情况是否真的如此。给一个普通的时钟上弦让它连续走 24 小时，大约需要 $\frac{1}{7}$ 千克·米的能量，所以钟运行时每秒钟所做的功，即钟的功率仅仅为 $\frac{1}{600\,000}$ 千克·米/秒 $\left(\dfrac{\frac{1}{7}\text{千克·米}}{24\times3\,600\text{ 秒}}\text{，约等于}\dfrac{1}{600\,000}\text{千克·米/秒}\right)$。由于 1 马力的功率等于 75 千克·米/秒，所以钟的功率仅为 1 马力的 $\dfrac{1}{45\,000\,000}\left(\dfrac{\frac{1}{600\,000}}{75}\right)$。假如前面第一个钟内的合金棒或第二个钟的装置要花费 1 个戈比，造一个功率为 1 马力的类似机械就要投入 45 000 000 戈比，即 450 000 卢布。先不论技术上是否可行，花费近 50 万卢布造一个输出功率仅 1 马力的机械，无论如何是划不来的。

6.8　香烟的烟雾

图 6-8 中是一支插在烟嘴中点燃的香烟，它被搁在火柴盒上。它的两端都冒出缕缕烟雾，不过燃着的那一端冒出的烟是上升的，而烟嘴端冒出的烟是下沉的。这是为什么呢？它们不是从同一支烟中冒出的烟吗？烟雾确实是从同一支烟中产生的，但在点燃的那一端，空气被加热，热气流带着烟雾粒子一起上升；通过烟嘴冒出来的烟已经冷却，不会上升，而且烟雾粒子比空气重，所以烟雾下沉。

图 6-8   为什么点燃的香烟一端冒出的烟上升,而另一端冒出的烟下沉

6.9   沸水中不融化的冰

把一块冰放进一盛水的试管中,再用一个小的硬币或重物把冰块压在试管底部。如图 6-9 所示,用酒精灯加热试管,让火焰仅仅接触试管上部。水很快沸腾了,冒出蒸汽,奇怪的是试管底的冰块竟没有融化。这的确是一个小小的魔术——在沸水中冰不会融化。

图 6-9   试管顶部的水沸腾了,但位于试管底的冰块却没有融化

谜底是试管底部的水仍然是冷水,根本没有沸腾。事实上,冰块并不是在沸水里,而是在沸水下面。水受热膨胀变轻,它不会沉到试管底部,而是待在试管上部,只有试管上部的水通过对流循环变热。此时热量只能通过热传导才能传到试管底,但水却是热的不良传导体。

6.10 放在冰上还是冰下

烧水时,我们一定会把盛水容器直接放在火焰上方,而不会放在火焰边上。这是因为空气受热膨胀变轻,从容器底向外上升,包围了整个容器。所以,将加热物体直接置于火焰上方,才能最有效地利用热源。

如果用冰冷却物体,该怎么办呢?许多人会把要冷却的物体如一罐牛奶,放在冰的上面,这样做其实不对。冰上方的空气受冷会下降,周边较热的空气便会过来填充。所以,假如你要用冰冷却饮料或食物,应将冰放它们上面,而不是把它们放在冰上面。

以下是更详细的解释:当我们把一壶水放在冰上面时,只有壶底那层水冷却了,其余部分的水仍被未冷却的空气包围着。但是,如果把冰放在壶盖上方,壶中的水会冷却得更快。这是因为壶中顶层的水首先被冷却而下降,而壶底部温度较高的水会上升到顶部,这样由于对流使壶中的水不断循环,直到降至较低的温度。[1] 与此同时,壶外冰周围的冷空气也会下降,包围住壶体。

1　对于纯水,不要降低到0℃而是降温到4℃以上。降到4℃以下,上面说的就不适用了。因为在4℃时水的密度最大,而且人们一般不会喝降至0℃的水。

6.11　紧闭的窗户还会透风

　　我们时常会遇到以下情况：尽管窗户关得很严实，没有一点缝隙，屋内的人还是能感到有阵阵凉意从窗边吹来。难道紧闭的窗户还会透风？虽然有点怪异，但道理却很简单。

　　屋内的空气并非静止不动，空气受热或遇冷时，就会形成看不见的空气环流（对流）。当空气受热时，它会变稀、变轻；当空气遇冷时，它会变稠、变重。

　　在窗户和它边上墙附近的空气较冷、较稠密，所以冷空气会下沉到地板处，迫使较暖、较轻的空气上升到天花板处。用一个小的玩具气球就能立即显示屋内的空气环流。在气球上系一个很小的重物，使它能悬在半空中，在火炉或取暖器附近释放气球，气球会被这股空气环流（对流的空气）带着在屋内环游。在火炉或取暖器附近的热气流带着气球先是上升到天花板，然后移向窗户那边的墙附近，再下降到地板附近，最后又移回火炉边上。接着，它又开始下一轮环游。所以，尽管在严冬窗户紧闭，屋内的人仍会感到似乎有冷气从窗边吹来，尤其在脚边有阵阵凉意。

6.12 神奇的旋转

取一张薄的香烟纸,把它剪成长方形,沿横竖方向分别对折一次,然后展开纸片,纸片上两条折线的交点正是纸片的重心。在桌面上竖立一根针,使针尖顶在纸片重心处,纸片正好平衡,至此还没什么神秘可言。接下来如图6-10所示,将你的手掌靠近纸边,动作一定要轻缓,否则手搅动的气流会将纸片掀翻。接下来,奇迹发生了:小纸片开始绕着针尖转动起来了,开始旋转得较慢,后来越来越快。如果把手轻轻移开,纸片就会停止转动,再把手掌靠近纸片,它又开始转动。

图6-10 小纸片为什么会转动

在1870年,这一神奇的旋转一度让许多人相信:人体被赋予了某种超自然的能力。这一现象让神秘论的信徒更加确信他们疯狂的理论:人体具有并能发出某种奇异的流体。事实上,根本不存在什么超自然的力,道理很简单:当手掌靠近时,纸片附近的空气被加热上升,推动纸片转动。悬吊在点燃的煤油灯上方螺旋状的弯曲纸片也会发生旋转,也是这个道理。

仔细观察一下,你便会发现纸片总是朝着同一方向旋转,即从手腕指向指尖的方向。这是由于掌心的温度总是高于指尖,靠近掌心处的上升气流更强。顺便提一下,这一使许多人称奇的旋转纸片实验居然会跟医学沾边,这是因为假如你在生病发烧时去做这个实验,纸片的旋转会快得多。为此,在 1876 年,莫斯科医学会曾将它作为一个研究交流课题。

6.13　皮袄的作用

如果讲冬日的皮袄一点也没有带给你温暖,你一定会认为这是在开玩笑。其实,做一下实验便可证明这一点。

取一个温度计,记下它读数,然后将它裹在皮袄里。过几小时后,取出温度计一看,读数居然没有半点变化,这证明皮袄并不会向你供暖。那么,它是否会"偷"走你的热量呢? 再做一个实验:取两袋冰,将一袋裹在皮袄里,另一袋放在盘子中;等放在盘子中的冰开始融化时,打开皮袄,裹着的这袋冰一点都没有融化。毫无疑问,皮袄并没有让冰变暖。由于裹着的冰需要更长时间才开始融化,皮袄似乎还从冰中"偷"走了部分热量。

总之,皮袄绝不会向你供暖。所谓供暖,即发生热传递。一盏灯,一个火炉,我们的身体,这些都是热源。而皮袄并非热源,它并不能供暖,它的作用是阻止身体产生的热量向外散发。温血动物的躯体是一个热源，所以穿上皮袄后会感觉到暖和多了。然而，实验中所用的温度计并非热源，如果将它裹在皮袄中，它的读数自然不会变化。皮袄是热的不良导体，所以能阻断外界的热量传入，因此裹在皮袄里的冰难以融化。

　　地表的积雪犹如一件大皮袄。和许多粉状物一样，雪的导热性很差，它能防止地表的热量向空中散发。在一层积雪覆盖之下的地表温度，往往比裸露的地表要高出 10℃左右。至于对"皮袄能否带给我们温暖？"这一问题的答案应该是这样的：皮袄不能带给你温暖，它只能帮助我们留住身体的温暖，即它只能保温，但不能供暖。如果更确切地讲，还不如说我们的身体温暖了皮袄！

6.14　地底下的季节

　　当地表和地表上方是夏季时，3 米以下的地底是啥季节呢？你很自然地会认为那儿也是夏季，其实你错了。地底下与地面上的季节并不完全相同，这是因为大地是热的不良导体。例如，在圣彼得堡，输水管道即便在严寒也不会被冻裂，这是因为输水管都埋在地下 2 米深处。地表温度的变化要传到地底不同的地层中，需要延迟很长时间，而且地层越深，时间越久。在该地区一个镇，曾做过一次直接的测量。其结果显示：地表 3 米之下达到一年中最高温度要比地表晚 76 天，那儿达到一年中最冷的阶段则比地表晚 108 天。假如该镇地表上最热的一天是 7 月 25 日，那么地底下 3 米处最热的一天是 10 月 9 日。而假如该镇地表上最冷的一天是 1 月 15 日,那么地底下 3 米处最冷的日子则会到 5 月才姗姗来迟。

地底下越深,该处的温差变化也越小。最终在地底某深度处,会达到一个永久不变的温度,在那儿,温度终年都保持不变,这也正是所谓的该深度"全年平均温度"。巴黎天文台下有一个 28 米深的地窖,150 多年前,著名化学家拉瓦锡在那里存放了一个温度计,温度计的水银面始终没动过分毫,一直保持着 11.7℃的恒温。

总之,地底下与地面上的季节很不一样。地面上是冬季时,地底下 3 米深处还是秋天,而当地面上是炎夏时,该处仍处于冬日的尾巴呢。当然,与地面上相比,该处的温差变化很不明显。地底下的四季并不分明,而且地下越深,四季越不分明。以上事实对研究生物的地下生存环境很重要,例如植物的根和块茎、金龟子的幼虫等。由于地下和地表的季节时间差,树根的细胞只在地面上的冬季繁殖,而在整个地面上的夏季,根部形成层的组织则停止运作,这与地面上枝干部分组织的生长正好相反。

6.15   纸锅烧水

如图 6-11 所示,一个纸锅中正在煮鸡蛋。纸不会烧起来吗?纸锅中的水难道不会浇灭火吗?你自己可以做一个纸锅试一下。你可以用羊皮纸那样的厚纸和铁丝做一个纸锅(或如图 6-12 那样做个纸盒更好),

图 6-11　用纸锅煮鸡蛋

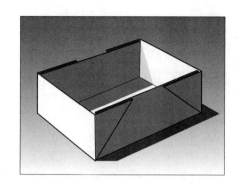

图 6-12　烧水用的纸盒子

你会发现纸锅不会燃烧。这是因为只能将水加热到它的沸点——100℃，水具有很强的吸热能力[1]，它能把纸中多余的热量吸收掉，防止纸温超过 100℃ 而达到纸的燃点。所以，即使火舌直接对着纸锅，纸锅也烧不起来。

正是由于水的这一性质，用水壶烧水时水壶不会破裂。有的粗心人把不盛水的空壶放在火上烧，水壶可能就会被烧化。出于同样理由，你也不能把焊接过的空锅放在火上烧，除非盛上水。在老式的马克西姆机枪中，水用来冷却枪筒防止它过热熔化。

图 6-13 显示了另一个简易实验。取一根粗的钉子或铁棒（铜棒更好），再将一狭长纸条以螺旋状紧绕在钉子或棒上，然后用火焰烧钉子或棒。你甚至可以闻到纸的焦糊味，但在钉子或铁棒被烧红前，纸不会燃起来，这是因为铁和铜是极好的导热物质。但如果用玻璃棒来做此实验，肯定就会失败。图 6-14 显示了一个相似的实验，只是将一根所谓"不燃的"线紧缠在一把钥匙上罢了。

1　水的比热容很大。——译者注

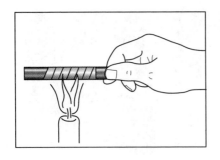

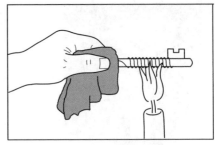

图 6-13　燃不起来的纸　　　　　　　图 6-14　燃不起来的线

6.16　冰面为什么很滑

　　与粗糙地板相比,你在打磨过的光滑地板上很容易滑倒。那么,光滑的冰面是否就比不平的冰面更滑溜呢?事实恰好相反,冰橇在不太平的冰面上更易滑行。如果你曾拉过冰橇,可能会注意到这一情况。不平的冰面怎么会比平整的冰面更滑溜呢?在冰上移动感到很滑溜,并不是因为冰面很光滑,而是由于压强增大时冰的熔点降低了。

　　当我们在冰面上溜冰或拉冰橇时,会发生什么呢?在溜冰时,整个身体的重力都压在冰鞋的刀刃上,承受这一压力的冰面面积非常小,只有几个平方毫米,所以冰鞋对冰面施以相当大的压强。在此压强下,冰的熔点会降低,冰便会融化。举例来讲,如果冰面的温度是 -5℃,溜冰者向冰面施加的压强会使冰刀下面冰的熔点降至 -6℃或 -7℃,于是冰刀下的冰便融化成水,这层在冰刀和冰面之间薄薄的水起到润滑的作用,让溜冰者向前滑行。他滑到哪儿,哪儿冰刀下的冰便会融化成水,使他不断继续滑行。可以讲,溜冰者是持续地在冰面的一薄层水上滑行的。只有冰具有这种特性,一位物理学家曾将冰称为"大自然中唯一滑溜之物",其他物体即便又平又光滑,但并不滑溜。

再讨论一下,为什么不平的冰面比平整的冰面更滑溜呢?我们知道,冰面所受压力的面积越小,压强便越大。那么,究竟在平整还是起伏不平的冰面上所受的压强大呢?显然,冰橇与起伏不平的冰面接触面更小,因此不平的冰面所受的压强更大,冰更易融化,所以更滑溜。所以,冰橇更容易在起伏不平的冰面上滑行。[1]

我们周围有许多其他例子可说明增大压强能降低冰的熔点。例如,将几块碎冰用力压在一起,它们就会合成一整块冰。孩童们扔雪球时也在不自觉地运用这一原理,挤压分散的雪花时降低了它们的熔点,融化的雪花将它们黏合在一起,并又冻结成一个大雪球。堆雪人时也运用了同一原理。同理,冬日城市人行道上积了一层松软的雪,它在往来行人踩踏下逐渐变成了一大片脏脏的冰块。

理论上计算过,要使冰的熔点降低1℃,必须施加每平方厘米约1 300牛的压强,这是相当可观的。以上例子中,仅仅冰承受了大的外加压强,至于从冰融成的水则是承受大气压强,所以在这种情况下外加压强对冰熔点的影响更明显。

---

[1] 冰橇的这一情况并不适用于溜冰,因为冰刀的滑铁非常窄,会切进冰的小突起,所以溜冰者的动能会消耗在用冰刀切割起伏不平的冰面上。

6.17 冰挂是怎样形成的

冬日,屋檐边会垂下一根根冰柱,称为冰挂。你可曾驻足察看,对它的形成感到好奇呢? 它们是在何时形成的? 是在解冻时还是在冰冻时? 如果在解冻时形成,水怎能在0℃以上结冰呢? 如果在冰冻时形成,冻成冰的水又是从哪儿来的呢?

看来问题并不像你想得那么简单,要形成冰挂需要同时满足两个条件——0℃以上使冰融化、0℃以下使水结冰。事实上,这两个温度确实在房屋的不同位置可以同时存在。倾斜的屋顶在阳光照射下温度升高到0℃以上,积雪开始融化,雪水顺着屋顶淌下来,因为屋檐处的温度仍在0℃以下,淌下的雪水便在屋檐下又结成了冰。

想象一下这幅场景:天气晴朗,阳光普照,气温在 $-1\sim-2$℃。斜射到地面上的阳光并不能使地表明显升温,所以地面上的积雪并不融化。但阳光几乎直射到倾斜的向阳屋顶上使温度上升至0℃以上,于是屋顶上的积雪开始融化。太阳光与被照射面间的夹角越大,被照面所接收到的热辐射就越多,即接收到的辐射热与夹角的正弦值成正比。(当夹角为直角时称为直射。)在图6-15所示情况中,屋顶上积雪所接收的太阳辐射热是地面上积雪的2.5倍,这是因为倾斜屋顶与太阳光的夹角是60°,而地面与太阳光的夹角是20°,60°的正弦值是20°正弦值的2.5倍。屋顶上淌下的雪水从屋檐处往下滴,而该处温度仍在0℃以下,加上蒸发,水滴再次凝结成冰珠。后面的水滴淌落到冰珠上又凝结起来,这样

图 6-15　太阳光对倾斜屋顶的加热作用比对地面更明显

一滴接一滴冰珠就变成了细细的冰吊坠。几天或一周后，又是一个相同的艳阳天，那时冰吊坠已越长越大，成为一个下垂的冰柱。许多冰柱挂在屋檐下形成冰挂，这与地下溶洞中石灰钟乳石的形成十分相似。以上说明了冰挂是如何在房檐下和其他未被加热处所形成的。

太阳入射光线角度的变化导致了许多宏大的自然地理现象，不同的气候带和季节变化很大程度上也起因于此。另一个主要因素是变化的昼长，或者称为日照时间，阳光只有在这段时间内加热被照地域。这与季节更替一样，由同样的天文学因素所导致，即地球自转轴倾斜于黄道平面（地球绕日公转平面）。其实，不论冬季还是夏季，太阳离我们的距离几乎是相同的。同样，太阳到地球赤道和到地球两极的距离也几乎一样，其差异毫无意义，完全可以忽略。其关键取决于太阳入射光线与被照地表间的角度：在赤道处这一角度远大于两极处，在夏季它又大于冬季。这一差别导致温度的显著差异，进而造成自然界生态的变化。

物理小词典

热膨胀

物体由于温度改变而产生的膨胀与收缩现象叫做热膨胀。在等压条件下,单位温度变化所导致的单位体积(或长度)的变化称为体膨胀(或线膨胀)系数,单位是 $1/℃$。大多数情况下,此系数为正值,即热胀冷缩。但也有例外,如水在 $0\sim4℃$ 时会出现热缩冷胀的负膨胀。此外,一些陶瓷材料的热膨胀系数非常小,接近零。

热传递　热量

热传递:由于温度差引起的内能传递现象。只要在物体内部或物体间存在温度差,内能必然从高温处向低温处传递。

热量:在热传递中物体内能改变的量度。单位即为能量单位:焦耳。

热传递的三种方式

热传导:热量从高温部分沿着物体传到低温部分的方式。在此过程中,物质并不伴随能量传递而迁移。热传导能力强的物质称为热的良导体,反之称为热的不良导体。一般来说,金属是热的良导体,液体和气体是热的不良导体。

热对流:由气体或液体流动引起的热传递过程。在此过程中,流体的循环流动伴随能量的转移。

热辐射:通过电磁波传递能量的方式。某物体发出的电磁波,可通过真空以光速传播,并被另一物体吸收而变成内能。此过程是地球获取太阳能的唯一方式。任何温度高于绝对零度的物体都能发出辐射。

比热容

单位质量的某种物质温度升高(或降低)1℃所吸收(或放出)的热量叫做比热容。单位:焦/(千克·℃)。一般来说,水的比热容较大,金属的比热容较小。

物态变化

汽化和液化:从液态变为气态的吸热过程称为汽化,从气态变为液态的放热过程称为液化。

汽化有沸腾和蒸发两种方式。沸腾:液体达到沸点时在表面和内部同时发生的剧烈汽化过程。蒸发:任何温度时在液体表面发生的汽化过程。

熔化和凝固:从固态变为液态的吸热过程称为熔化,从液态变为固态的放热过程称为凝固。

熔点:某种晶体(如金属)熔化时的温度。非晶体(如玻璃)没有确定的熔点。

熔解热:单位质量的某种固体熔化时吸收的热量。单位:焦/千克。

溶 熔 融

溶指溶解,是一种物质(溶质)分散于另一种物质(溶剂)中成为溶液的过程。

熔指熔化,一般指晶体在达到熔点时熔化为液体的过程。

融指融化,一般指冰雪化为水的熔化过程。

第七章　光

7.1　捕影

我们的祖先尽管不能捕捉到他们的影子，但却懂得如何利用影子，这就是做剪影或剪影术。今日的摄影能让你轻而易举地获得自己、家人和朋友的照片。但在 18 世纪，照相术还没发明，而肖像画家的要价极高，只有富人才能付得起。于是，剪影术便开始广为传播，这在一定程度上就相当于今日的拍快照。

剪影实际上就是捕捉物体的影。它让光将物体的阴影投在纸上，再把影子画出来。与古人画阴影相反，现代摄影则是用光在照相底片（或其他感光元件）上作画。

图 7−1 显示了剪影是怎样获取的。坐在椅子上的人转动他的头，让光线在白纸上投下一个清晰的侧影；作画者将此投影的轮廓描出，然后把轮廓线以内的地方涂黑，剪下并粘贴在白底上，于是一幅剪影便完成了。需要时，还可以用一种称为缩放比例尺的工具将捕捉到的影子缩小或放大（见图 7−2）。别以为剪影仅仅是个简单的黑色轮廓，无法勾描出具有人物特征的侧影，其实一个好的剪影还是相当逼真的。

剪影的这一特性引起了一些艺术家的兴趣，他们开始用这种方式作画，甚至创办了教授剪影术的学校。剪影一词出于法文 Silhouette，其渊源也相当有趣：它原本是 18 世纪法国一位财政大臣的名字，这位官员敦促奢靡的国民厉行节约，并谴责那些热衷肖像画的贵族们挥霍无度（见图 7－3）。于是，价廉的"捕影"术名字也由此而得。

图 7－1　制作剪影像的古老方法

图 7－2　怎样用比例尺缩小剪影尺寸　　图 7－3　1790 年 Silhouette 的剪影像

7.2 "透视"鸡蛋

    利用影子的特征,你可以表演一个有趣的小把戏。在一大块硬纸板上开一个正方形的洞,在洞上贴一张油纸或蜡纸作为投影幕。让观众坐在幕的前面,在幕后左右两侧各放一只去掉灯罩的台灯。打开左边的灯,将一椭圆形硬纸片固定在金属丝上,然后把它放在打开的灯和投影幕之间。此时,另一只灯仍关着,一个鸡蛋的影便显现在投影幕上。现在你宣布:用一个 X 光机来透射鸡蛋内是否有孵化的雏鸡。不出所料,接下来观众会发现:幕上原先的鸡蛋黑影变淡,而在影的中央出现了轮廓清晰的雏鸡影(见图 7 - 4)。

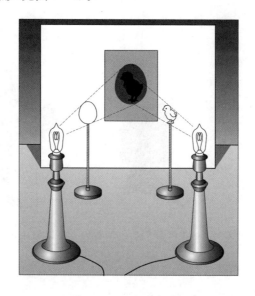

图 7 - 4   伪造 X 光透视

实际上,把戏相当简单,你只要在右边的灯和幕之间放一个用纸片剪成的雏鸡,并打开灯就行了。现在雏鸡的影叠加在鸡蛋的影上,由于雏鸡影外围的鸡蛋影被右边的灯照亮了,所以原先的黑影变淡了,轮廓的边缘也有点模糊。因为观众看不到你在幕后的操作,那些缺乏物理学和生物解剖知识的人还真以为你在用 X 光透视鸡蛋呢!

7.3　滑稽照相术

许多人可能不知道,可以用一个小圆孔替代镜头制成"针孔相机"。当然,用这种相机获取的图像较为暗淡。另外,还有一种无镜头的"缝隙"相机,是"针孔相机"的趣味改装版,它用两条纵横交叉的缝隙替代了小圆孔。这种相机前面有两块紧靠着的遮光板,一块板中心有一条水平

图 7-5　用"缝隙"相机摄取的卡通肖像照,好像被压扁了

图 7-6　卡通肖像照,好像被拉伸了

缝隙,另一块板中心有一条垂直缝隙。由这两条缝隙叠加所形成的像与小孔所成的像效果一样,像并不发生变形。但是,如果把这两块板分开一点(相机上已设定好它们之间的距离),此时所形成的像就会发生变形(见图 7-5 和图 7-6),所得到的像与其说是照片,还不如说是卡通画!

　　这是怎么回事呢?现在用图 7-7 来解释一下。"缝隙"相机的水平缝隙 C 置于垂直缝隙 B 之前。照机前的十字 D 是被拍摄物,从 D 的竖直线发出的光线通过前面的水平缝隙 C 与通过普通小孔一样,而后面的垂直缝隙 B 则毫无遮挡地让光线继续通过。最终光线投射在成像毛玻璃屏 A 上,形成物 D 竖直线的像,这一像的长短取决于屏 A 和缝 C 之间的距离。[1]

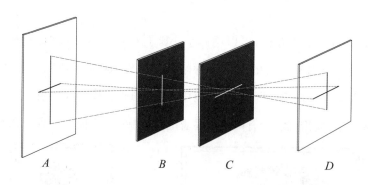

图 7-7　用"缝隙"相机拍摄变形像的原理

　　再来看被摄物 D 的水平线成像:由它发出的光线首先毫无阻挡地通过水平缝隙 C(即光线不会在此交叉),接着与通过小孔一样通过后面的缝隙 B,最终投射在屏 A 上,形成 D 的水平线的像。这一像的宽窄取决于屏 A 和缝 B 之间的距离。

1　根据相似三角形对应边成比例,可得出这种相机的放大或缩小比例 k,$k = \dfrac{像长}{物长} = \dfrac{AC}{CD}$。——译者注

总之,物 D 的竖直线仅由水平缝 C 成像,而水平线仅由竖直缝 B 成像,两条缝相当于位置不同的两个成像小孔。因为缝 C 离屏 A 更远,所以竖直线像的尺度比水平线像的尺度大,形成一个在竖直方向被拉伸的像。反之,如果将两条缝隙的位置对换一下,屏上便会显现一个被压扁的像(比较图 7-5 和图 7-6)。如果将两条缝隙倾斜放置,同样会得到另一种变形的像。

这种"缝隙"相机不仅可用来拍摄卡通照片,而且还有不少其他应用,例如使建筑装饰、地毯和壁纸的图案变形。简言之,任何装饰图案都可按照你的意愿在某一方向上拉伸或压缩。

7.4　日出

假如清晨 5 点整时,你看到日出。我们都知道,光的传播不是瞬时的,从光源发出到传播到你眼睛,肯定需要一定时间。因此可以提出这样一个问题:假设光的传播是瞬时的,即光从光源发出至到达你的眼睛不需要时间,那么你应该在早上几点观看日出?

因为光从太阳传到地球需要 8 分钟,你可能会不假思索地回答:假如光是瞬时传播的,那应提早在 4 点 52 分观看日出。显然,这一回答绝对错误。"日出"实际上指地球上某区域刚转进被阳光所照耀到的空间。阳光一直存在于此,这与阳光传播是否瞬时无关,你仍应该在早上 5 点整观看日出,所以上面的问题显然在偷换概念。

但如果我们考虑"大气折射"的因素,早晨 5 点时,由于太阳光在大气层发生折射弯曲,真的太阳还没升到地平线之上呢![1] 再假设光是瞬时传播的,于是便无光速可言。光的折射正是由于它在不同物质中的速度不同而引起的。所以,瞬时传播的光通过大气层时便不会发生折射,这样,你也不会在通常的日出时间看到升起的太阳的虚像。你所看到的真正的日出就会推迟,可能晚上 2 分钟、几天,乃至更久(在极地处),这取决于纬度、气温和其他一些因素。

不过,如果你正在用一架望远镜观察日珥(太阳边缘处冒出的火焰),这就完全是另一回事了。假设光是瞬时传播的,那你就可以提前 8 分钟见到日珥的爆发。

物理小词典

光源

自身能发光的物体称为光源。光源分为自然光源和人造光源两种。自然光源如太阳、萤火虫等,人造光源如蜡烛、电灯等。靠反射发光的物体,如月亮、火星等不是光源。

---

[1] 拂晓时,阳光要穿过很厚的大气层才到达你所在处。不同高度处的大气层密度不均匀,故光速不同,入射光由于传播速度改变而不断发生折射,结果光线便会连续向下偏折而弯曲。顺着进入你眼的光线看去,遥远地平线处似有一轮冉冉升起的太阳,其实那是太阳的虚像,真正的太阳还躲在地平线之下。——译者注

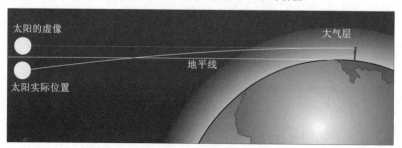

光线

用一条带箭头的直线表示光的传播路径和方向,这样的直线称为光线。光的实质是电磁波。

光的直线传播　小孔成像

在真空或同种均匀介质中,光沿直线传播。

小孔成像证明了光的直线传播特性。不论孔的形状如何,所成的像是光源(或反光物)倒立的像,孔的大小只决定像的亮度,像距(小孔到成像屏的距离)与物距(光源或反光物至小孔的距离)之比决定像的缩放比例。

影　本影　半影

光线被不透光物体遮挡,在物体后面光线不能到达的黑暗区域称为影或物体的投影。相对于遮光物,光源较大时,影分为本影和半影:本影是完全没有光线照射到的、完全黑暗的区域;半影是只有部分光线照射到的、半暗半明的区域。例如,太阳光被地球遮挡,在地球后面形成圆锥形本影区和周边的半影区。月球进入本影区便形成本影月食(本影月食分月偏食和月全食,前者是月球只有部分进入本影区,而后者是全部进入),月球进入半影区便形成半影月食。

光速

光在真空中的传播速度是 3×10^5 千米/秒,这是自然界速度的极限。光在其他透光均匀介质中速度会变慢。

第八章　光的反射和折射

8.1　隔墙有"眼"

在 19 世纪 90 年代,市场上可以买到一种被冠冕堂皇地称为"X 射线机"的神奇装置。那时我还是个学童,当第一次看到这种奇妙玩意儿时,真是太困惑了。眼前被不透明物体如厚纸甚至刀片挡住,用这玩意儿我居然能看到它们后面的东西,要知道真的 X 射线都无法穿透金属刀片,它该有多厉害。图 8-1 是这种装置的原型图,让我们来揭穿这玩意

图 8-1　一种假的 X 射线机

儿的把戏。其装置实际上是一根管道,里面安装了四块与水平面成45°角倾斜的小平面镜,通过它们的四次反射使光线绕过遮挡物,让你以为能透过不透明物体看到它后面的东西。

军事上广泛采用一种叫做潜望镜的类似装置(见图8-2)。它让士兵躲在战壕中就能观察敌方动静,而不必暴露于敌方火力之下。敌人离潜望镜越远,潜望镜的观察视角便越小,也就很难看清楚。于是,可以用一组专门的透镜来放大视角。由于透镜组会吸收一部分进入潜望镜的光,所以看到的像会有些模糊。正因为这一点,潜望镜中光线多次反射的路径也不能太长,竖直镜筒最高也就20米。镜筒越高,观察视角越小,像也越模糊,尤其在阴天的时候。

图 8-2　战场上的潜望镜

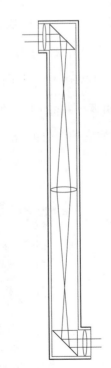
图 8-3　潜艇上潜望镜的构造

潜艇的艇长也用潜望镜在水下察看想要攻击的敌舰。尽管潜艇所

用的潜望镜远比陆用的要复杂,但它们的基本原理一样,其中平面镜(或
棱镜)的安置情况也相似(见图8-3)。

8.2 吓人的头颅

在马戏表演中常有一档称为"会讲话的被砍断头颅"小节目,这个把
戏常常让那些不知底细的观众十分惊愕。桌面上的盘子中放着一颗头
颅,头颅会眨眼,会讲话,还会吃东西。虽然你不能走到桌子跟前,但你
的眼睛让你确信桌子下面没有任何东西。假如你有机会去观看这一吓
人的把戏,不妨揉一个纸团扔向放人头盘子的桌子下面。结果就会真相
大白,纸团被一面镜子弹了回来,即便纸团没有被扔到桌下,你也可以在
镜子中看到它的像(见图8-4)。

镜子

图8-4 "被砍断头颅"的秘密

其实，只要在桌腿之间安装一面镜子，就能产生桌面下空无一物的感觉。当然，必须确保镜子不会照出观众和其他任何物体，因此桌子前面要空旷，墙面和地板没有装饰，观众也要足够远。所以，说穿了非常简单。

这个把戏这样表演起来噱头会更好：首先魔术师向你展现一张桌子，桌子上面和下面均空无一物；然后，一个据称装有被砍下头颅的封闭盒子被送到台上（实际上是个空盒），魔术师把盒子放在桌面上；接下来，他把盒子前壁打开，盒内一颗眨着眼睛的头颅正向你讲话。你可能已经猜到，桌面上有一个可开关的洞口，一个人早就蹲躲在桌下的镜子后面。魔术师放下盒子后，此人通过洞口将头伸进桌面上的无底空盒之中。玩此把戏，魔术师花招百出，你或许也能破解其中的"秘密"。

8.3　放在前面还是后面

对于日常生活中的许多琐碎细事，人们并非处理得完全得当。前面已经说过，许多人用冰块冷却饮料时，常把饮料置于冰块之上。同样，也不是每个人都明白如何正确使用镜子，常有人在照镜子时会把台灯放身后，以为这样可照亮镜中反射的像。其实正确的做法是，把台灯放在自己前面，让灯光直接照亮自己。

8.4　镜子看得见吗

　　平日里我们对镜子的那点认识其实很不足。以下是另一例：当问镜子是个可见物吗？绝大多数人的回答是："那当然。"甚至那些每天都照镜子的人也这样回答。但是，认为镜子是个可见物是错误的，一面绝对平整、光滑和清洁的镜子是看不见的。你可以看到它的边框、边缘和镜子反射产生的像，但你看不见镜子本身，除非镜面上有尘埃或污渍。与漫反射表面[1]相比，所有镜面反射表面都是不可见的。在日常生活中，镜面反射表面是光滑的，而漫反射表面则是粗糙的。所有利用镜子产生光学幻觉的把戏，例如前面的"会讲话的被砍断头颅"，都利用了镜子不可见的特征。你平日所见的仅是镜子反射产生的各种像，而非镜子本身。

8.5　镜子里是谁

　　你照镜子时，看到了谁？当然是自己啦，镜子里像的任何细节与自己一模一样，百分之百的复制品呀！

1　漫反射表面是指能将入射平行光线反射到四面八方的表面。

现在就来验证一下。如果照镜子的人右脸颊上有颗痣,而镜子中那人的痣却在他左脸颊上。如果你的头发是向右边梳的,而镜中那老兄的头发却是向他左边梳的。你的右眉比左眉略高、略浓,而镜子中复制品的左右眉恰好相反。你往右边衣袋中放一块表,往左边衣袋中放一本笔记本,而镜子中那个复制品的动作恰好与你左右相反。镜子中钟面或表面的像就更奇特了(见图 8-5)。如果表面用罗马数字标记,原先标 XII (12)的地方现在标着 IIX,而 12(即 XII)在镜中已经完全不存在了。[1] 镜中表面上的钟点罗马数字顺序也改变了,6 后面是 5,5 后面是 4……镜中表的指针也是反方向转动的,即沿逆时针方向转动。

图 8-5　镜中的表面

如果你习惯用右手做事,但镜中的"你"却成了左撇子:不管用餐,写字,还是缝补,都用左手,就连见面握手,他也会伸出左手。镜中的"你"看似不像文盲,但如果他翻开一本书,将其中一页对着你,恐怕你连一行都读不下去。如果他用左手写字,你肯定看不懂他在纸上画的是什么符号。所以,镜中的人是否真是你百分之百的拷贝,值得商榷。

1　罗马序数字 I 表示 1,V 表示 5,X 表示 10 等。还有就是左减右加法则:例如 XII 表示 12,但从未用 IIX 表示过 8,通常 8 表示为 VIII。——译者注

　　绝大多数人的脸、身体、衣服并非严格左右对称,只是我们通常并不在意而已。镜中的"你"的左半边具有你右半边外观和行为的所有特征,反之亦然。总之,由镜子反射产生的像与你给人的印象并不完全一致。

8.6　镜中作画

　　再做一个实验进一步证明你和你在镜中的像并非完全一样。先在桌边坐好,桌子上竖直放一面正对你的镜子,在镜前的桌面上铺一张白纸。现在让你只看着镜中的纸和你拿笔的手(不能看你眼前真的纸和手),试着在纸上画一个图形,譬如长方形和它的两条对角线(见图8-6)。这一听似简单的任务,做起来还真难。

图8-6　镜中作画

在我们成长过程中,视觉和动作感知的协调达到了高度一致,而镜中的像将你手的运动篡改了(左右颠倒),所以它违反了你早已习惯的协调性。于是在镜中作画时,你必须每时每刻都与你自己斗争,来克服已成自然的习惯。你要画一条向右的直线,而镜中的手却拿着笔向左画。如果你要在镜中画更复杂的图形或写些什么,那还真够你受的,画出或写出的准是一堆谁也认不出的东西。

拓印是用墨将刻在模具上的字迹复印到吸水纸上。模具上刻的字迹正好与手迹镜像对称,但如让你念一下模具上的字,即便每个字母刻得很清晰,恐怕你也拼不出一个单词来。但当你将拓印的模具对着镜子一放,一切便昭然若揭了,镜中反射出的像正是你那手漂亮的字。

8.7 最短和最快

在同种均匀介质中光沿直线传播,也即两点间光必沿着最短和最快的路径传播。[1] 光从镜面上反射时,也必遵循此原理,换言之,光的反射必取捷径。

下面来看一下光在镜面反射中的路径。在图 8‐7 中,A 是点光源(烛焰),MN 是平面镜,C 是眼,虚线 KB 是垂直于镜面 MN 的法线。根据光的反射定律,反射角∠2 = 入射角∠1。现在要证明:从点光源 A 发出的光经镜面 MN 反射,进入眼 C 的路径 ABC 必是最短(或者说最

---

1   这称为最短光程原理,详见"物理小词典"。——译者注

快)的。证明如下：

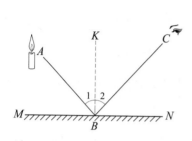 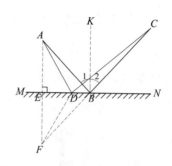

图 8-7 反射角∠2 等于入射角∠1   图 8-8 光的反射同样选择最短路径

在平面镜 MN 上另选一点 D，如图 8-8 所示，假设从 A 发出的光线射至 D，经镜面反射后沿 DC 进入眼 C，所以 ADC 是光的另一条传播路径。现在用几何知识来比较 ABC 和 ADC 的长短。从 A 向镜面 MN 作垂线，它与镜面交于点 E，与反射光线 BC 的反向延长线交于 F。[1]

第一步：证明△ABE≌△FBE

∠AEB = ∠FEB = 90°，

∠EAB = ∠1 （内错角），

∠EFB = ∠2 （同位角）.

∵ ∠1 = ∠2，

∴ ∠EAB = ∠EFB.

∵ 三角形内角之和等于 180°，

∴ ∠ABE = ∠FBE.

∵ 两角夹一边 （EB 是公共边），

∴ △ABE≌△FBE （两个三角形全等）.

由此可得 AB = FB，即入射光线 AB 的长度可用其反射光线 BC 的

---

1 F 是 A 在镜中的虚像。——译者注

反向延长线 FB 来代替。

第二步：证明△AED≌△FED

已知 $AE = FE$，$\angle AED = \angle FED = 90°$.

∵ 两边夹一角 （ED 是公共边），

∴ △AED≌△FED （两个三角形全等）.

由此可得 $AD = FD$，即入射光线 AD 的长度可用 FD 来代替。

第三步：比较折线 ABC 和 ADC 的长度

∵ $ABC = FBC$，$ADC = FDC$，

又 F 和 C 两点之间直线距离最短，而 FBC 是直线，FDC 是折线，

∴ $FBC < FDC$.

证得 $ABC < ADC$.

无论 D 点在镜面 MN 上哪个位置，只要反射角等于入射角，ABC 路径总是比 ADC 路径短。正如我们所见，光线确实会在从光源、镜子到眼睛之间的所有可能路径中选择最短、最快的路径。这最早是由公元 1 世纪的著名希腊数学家亚历山大的希罗（Hero of Alexandria）提出的。

8.8 乌鸦的飞行路线

反射时的最短光程原理有助提升你的发散性思维，从而解决一些脑筋急转弯的问题。以下便是一例。

如图 8-9 所示，一只乌鸦栖息在树枝上，地面上散落许多谷粒。乌鸦先飞到地面啄起一粒谷子，然后再飞到树对面的篱笆上。问它应该飞

到地面上何处啄食，才能使飞行路径最短？这与前面讨论的问题绝对相似。乌鸦只要循着光的反射路径飞就行，即地面上∠1 和∠2 相等处（见图 8-10）便是乌鸦落地啄谷处。[1]

图 8-9　找出乌鸦飞至地面再飞到篱笆上的最短路径

图 8-10　怎样找到乌鸦的落地位置

---

[1]　参照图 8-8，在图 8-10 中应用了两个光学原理找到乌鸦落地处：一是光路是可逆的；二是平面镜所成的像与物相对镜面对称。——译者注

8.9　万花筒

　　每个人都知道万花筒这个有趣的玩具。筒侧放两到三块平面镜,中间放一把各种颜色的碎片,就能制成一个万花筒。[1] 稍转动一下,便可看到一种美丽的对称图案。虽然只是一种普通的玩具,但很少有人搞得清得到的各种不同图案。假如筒中有 20 块碎片,不停地转动,每分钟变换 10 种图案,要多久才能看完它能变出的所有图案呢? 哪怕最富想象力的脑袋也答不出来。哪怕等到海枯石烂,你也看不全,至少需 5 000 亿年才能看完每一幅不同的图案!

　　万花筒变化无穷的图案让艺术家们为之着迷,它能瞬间为他们提供制作地毯、墙纸和其他织物装饰图案的样本。一个世纪前,它备受青睐,人们甚至用诗文对它大加赞赏。

　　万花筒于 1816 年在英格兰被发明,12~18 个月以后,它就驰名全球了。在一份 1818 年 7 月的俄国杂志上,寓言家 A.伊斯梅洛夫(A. Iz-mailov)这样写道:"万花筒向你显现的美,非诗词可以言表。轻轻一转,

---

1　万花筒利用了多个平面镜成复像来呈现对称的图形结构。复像是光在平面镜之间经多次反射而形成的一系列虚像。例如,将两块平面镜面 A、B 对面放置,中间放一支点燃的蜡烛,在每面镜中会显现出一列由近及远、越来越小的烛焰的像。这是由于烛焰第一次在镜 A 中成的虚像对镜 B 相当一个新的物,它又会在镜 B 中成一个新的虚像……如此不断成像,由于物像间关于镜面对称,所成的复像便离镜面越来越远,看起来越来越小。——译者注

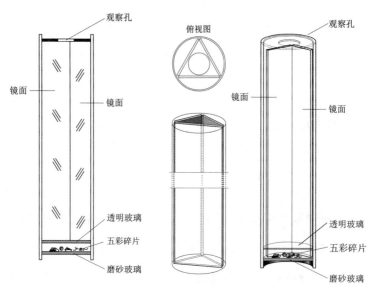

图 8-11　万花筒

一幅新的图案就在你眼前展现,绝不重复。如能刺绣出如此美轮美奂的图案将会多么神奇!但到哪儿去找这种锦缎呢?玩这种消闲神器比玩牌要强百倍……据说万花筒在 17 世纪便已出现,前一段时间,它在英格兰得以重生和完善。几个月前,又传到欧洲大陆。一位法国富豪居然订做了一个价值 2 万法郎的万花筒,他用钻石和珠宝取代了彩色碎玻璃片。"

文章接着讲了一段关于万花筒的轶事,最后作者用落后的农奴时代特有的忧郁气质结尾:"罗斯彼尼(Rospini),一位以制造优质光学仪器闻名的皇家机械师,现在也制作万花筒,每个能卖上 20 卢布。毫无疑问,人们对此的需求远超理化讲座。而这位皇家机械师却从没在讲座中获利,真是令人遗憾和惊叹。"

相当长一段时期,万花筒仅仅是一种娱乐玩具。当下,在图案设计中开始应用此物,人们发明了一种装置给万花筒图案拍照,由此可以机械地生产各种装饰图案。

8.10 幻景宫

如果把自己想象成万花筒中的一小片彩色玻片,当置身筒中时,你会有何等奇特的感受呢?那些参观过 1900 年巴黎世界博览会的人就曾亲历过这样的视觉震撼,一个称为"奇幻宫"的展厅是世博会最热门的场所。它就像一个巨型的六角形万花筒,每面墙都是精细打磨过的巨幅镜面,由圆柱和飞檐构成的建筑结构装饰着每个角落,飞檐与精美雕刻的天花板浑然一体。尽管你只是厅中一群参观者中的一员,但环顾四周,放眼看去,自己似乎淹没在一个渺无边际的人海之中。根据平面镜成像特点,图 8‑12 显示了这一奇观是如何形成的。中间白色部分是展厅,周边水平线条区是第一次反射所成的 6 个像,它们外围的 12 个竖直线

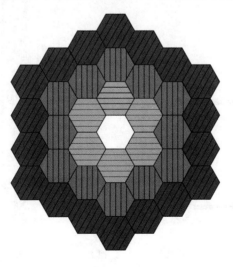

图 8‑12 中央大厅经过镜墙三次反射所产生的 36 个大厅的像

条区是第二次反射所成的像,再外围斜线条区是第三次反射所成的 18
个像。镜面一次次的多重反射形成了不断扩展的多重复像,其数目取决
于镜面的光洁度和相对镜面的精准平行。事实上,在奇幻宫里只能看到
经 12 次反射所生成的 468 个大厅的像。

　　假如人们都熟知光的反射定律,你就会理解这些复像是如何产生
的。在这六个镜面中,有 3 对平行的镜面和 12 对互成角度的镜面,所
以,难怪乎会产生这么多像了。

　　在巴黎世博会上还有一个称为"幻景宫"的展厅,它产生的视觉幻景
更为奇妙。展厅内那片无尽头的像与厅内背景装饰的迅速变动组合在
一起,给观众的视觉体验更为震撼。换言之,观众如同置身于一个巨型
而且活动的万花筒之中。展厅内相邻的平面镜是由可转动的巨型圆柱
连接,每个角上可转动的圆柱上装饰有三种不同景物,这有点像一个转
动的舞台。图 8-13 显示出可以实现与角 1、2 和 3 相对应的三个改变。

图 8-13　"幻景宫"的结构　　　　图 8-14　"幻景宫"转动圆柱的秘密

如果六个角上的圆柱首先呈现热带雨林(1),接着是阿拉伯宫殿(2),最后是印度神庙(3)(见图8-14),只要操纵隐藏起来的机构使六个圆柱同时转动,观众便可转眼间漫游雨林、宫殿和神庙。而如此奇异的视觉盛宴竟是基于光反射的简单物理现象。

8.11　光为何和怎样发生折射

　　光从一种介质斜射入另一种介质时会发生折射。许多人认为这是自然界在作祟,他们完全不理解光为什么在进入另一介质时会从原先的方向发生偏折。由于光在不同介质中的传播速度不同,我们不妨将两种介质设想成铺砖和泥泞的地面,再将光的传播设想成一排士兵斜着向两种地面的交界线前行。光在两种介质交界面处的行为,与这排士兵进入两种地面交界处的行为完全相似。

　　以下是一个简单的小实验,用它可以更清楚地模拟光在界面处所发生的情况。如图8-15所示,将桌布折叠后铺在半个桌面上,再将另半

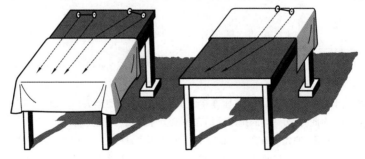

图 8-15　解释光折射的实验

个桌面的腿稍稍垫高。从丢弃的玩具车上拆下用轴连着的两个车轮[1]，让此轴轮从桌面高端沿垂直于桌布折叠线的方向滚下，可以观察到：轴轮从光滑桌面进入铺桌布的桌面时，并不改变方向。这与光的折射定律完全一致，说明当光垂直于介质分界面进入另一种介质时，光线不会偏折，即并不发生折射。

但如果让轴轮沿倾斜于桌布折叠线的路径滚下来，可以观察到：轴轮进入铺桌布的桌面时改变了方向。这是因为轴轮在桌面两部分的速度不同所致。[2] 由于在桌面上轴轮的速度比铺桌布的桌面上大，它的前行方向向法线方向偏折。

如果反过来，将铺桌布那边的桌腿垫高，让轴轮从桌布上斜滚下来。可以观察到：当轴轮进入光滑桌面时，它的前行方向偏离法线。这就说明了光发生折射的实质是当光进入另一介质时，光速发生了改变，光速变化越大，折射角也越大。"折射率"表征光在两种介质界面处的偏折程度，而它正是两种介质中光速的比值。例如，光从空气进入水中的折射率是 4/3，这就意味光在空气中的速度约为水中的 1.3 倍。

这就把我们引向光传播的另一个有启发性的方面。光在两种介质界面上发生反射时，它必取最短的路径。而发生折射时，它也必取最快的路径，除此别无他选。

1　可以将它想象成上面讲的一排士兵，轴一端的车轮可视为排头兵，另一端的车轮视为排尾兵。——译者注

2　这相当于一排士兵沿倾斜于路面分界线方向前进，一端的排头兵先踏进泥泞地面，步速减小。而此时，另一端的排尾兵仍在硬地上原速前行。这样随着一个接一个士兵踩进泥泞地面，原先一条直线上的士兵折成了两段：硬地上一段，泥地中一段。直至所有士兵都踏进泥地，这排士兵重又恢复了一条直线的队形，向发生了偏折的方向继续前行。——译者注

8.12 走长路比走短路更省时

两点间沿偏折的路径比沿直线走,居然还能更快抵达终点,难道这是真的吗?不错,确实如此,只要全程不同路段的行进速度不同就行。例如,在两个火车站 A 和 B 之间的铁道旁有一个村庄 C,它离车站 A 更近。村民要从村庄 C 前往车站 B,他可以从村庄 C 直接步行或骑车前往车站 B,这是最短的路程;他也可以先步行或骑车去近的车站 A,再立即乘火车去车站 B,这是最快的路程,但却不是最短的。

再分析以下的例子:一位骑马的通讯兵要将一份急件从 A 处送到司令部 C 处,A 和 C 之间隔着一长片软沙地和一长片草地,它们之间的分界线是 EF,如图 8-16 所示。若马在草地上的奔跑速度是软沙地的 2 倍,通讯兵应选择怎样的路径才能把急件最快送达 C 呢?

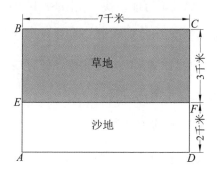

图 8-16 通讯骑兵的问题:找到一条将信从 A 递送至 C 的最快路径

初看之下,从 A 到 C 取直线距离最短。但骑兵不会选择这条直线,因为他知道马在沙地上前行困难,必须缩短马在沙地上的前行距离,所以他必须减小穿越沙地路径的倾斜度,而这必然会延长马斜穿草地的距离。但由于马在草地上的奔跑速度是在沙地上的 2 倍,这多走的路程反而换来了更短的时间,所以通讯兵在越过沙地和草地边界 EF 时,必定将前进方向偏向 C。换言之,使草地上的路径与边界垂线 PQ 间的夹角 b 大于沙地上的路径与 PQ 间的夹角 a,如图 8 - 17 所示。

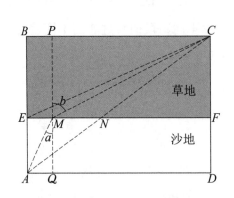

图 8 - 17　通讯兵问题的解答。最快的路径是 AMC

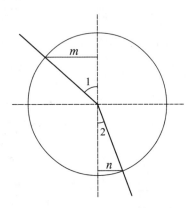

图 8 - 18　什么是正弦?线段 m 与半径之比是 $\angle 1$ 的正弦,线段 n 与半径之比是 $\angle 2$ 的正弦

很显然,直线路径 AC 不可能最快。在图 8 - 16 中,沙地和草地的长度均为 7 千米,沙地的宽度为 2 千米,草地的宽度为 3 千米。因此,通讯兵如取 AEC 折线路径(见图 8 - 17),会比取 AC 直线更快到达目的地。先看一下走直线 AC 路径所需的时间。

根据勾股定理,A、C 间的距离为

$$AC = \sqrt{5^2 + 7^2}\ 千米 = \sqrt{74}\ 千米 \approx 8.6\ 千米$$

穿过沙地的路径长度 $AN = \dfrac{2}{5} \times 8.6\ 千米 = 3.44\ 千米$。

由于穿过沙地的速度是穿过草地的一半,因此从时间上讲骑兵在沙

地上前行 3.44 千米,相当于在草地上前行了 6.88 千米。所以,骑兵跑完 AC 直线所用的时间相当于在草地上行进了 6.88 千米 $+ \dfrac{3}{5} \times 8.6$ 千米 $=$ 12.04 千米。

再看一下走折线 AEC 所需的时间。沙地上的路径 AE 为 2 千米,马穿越这段沙地的时间相当于在草地上跑了 4 千米。草地上路径 EC 的长度为

$$EC = \sqrt{3^2 + 7^2} \text{ 千米} = \sqrt{58} \text{ 千米} \approx 7.6 \text{ 千米}$$

骑兵跑完折线 AEC 所用的时间相当于在草地上行进了 4 千米 $+ 7.6$ 千米 $= 11.6$ 千米。

12.04 千米 $- 11.6$ 千米 $= 0.44$ 千米。显然,尽管 AEC 路径比直线 AC 长,但沿这条折线行进实际上省下了近 0.5 千米在草地上前进所用的时间。然而,AEC 并非最快的路径,参照光的折射定律可以找到这条最快路径。根据此定律,$\dfrac{\sin b}{\sin a} = \dfrac{v_{\text{草}}}{v_{\text{沙}}} = \dfrac{2}{1}$。先假设:骑兵在离 E 点 1 千米处的 M 点越过沙地和草地的边界 EF,以下验证该位置是否符合上述条件。

$$\sin b = \frac{6}{\sqrt{3^2 + 6^2}} = \frac{6}{\sqrt{45}}$$

$$\sin a = \frac{1}{\sqrt{1 + 2^2}} = \frac{1}{\sqrt{5}}$$

$$\frac{\sin b}{\sin a} = \frac{\dfrac{6}{\sqrt{45}}}{\dfrac{1}{\sqrt{5}}} = 2$$

由此可知,该位置恰好符合以上条件。那么,沿路径 AMC 相当于在草地上行进多远呢?

沙地上的路径 $AM = \sqrt{1 + 2^2}$ 千米 ≈ 2.24 千米,相当于在草地上跑

4.48 千米。

草地上的路径 $MC = \sqrt{3^2 + 6^2}$ 千米 ≈ 6.71 千米。

因此，马总共相当于在草地上跑了 4.48 千米 + 6.71 千米 = 11.19 千米，比沿直线 AC 的 12.04 千米少了 0.85 千米。

所以，沿着路径 AMC 能最快到达目的地，这是唯一之选。

类似上例中的通讯骑兵，光在越过两种介质的界面时会发生偏折，它会自然选取最快到达目的地的路径。而这一折射路径严格遵循光折射定律的数学要求，即折射角与入射角的正弦之比，一定等于光在新介质与原介质中的速度之比，而光在不同介质中的折射率正是此比值。将光的反射和折射的特征相结合，可得出以下结论：不论在什么情况中，光必取最快到达的路径，即物理学中所称的"最短时间原理"，即费马原理。

当介质不均匀时，它的折射性能是渐变的，地球上的大气层就是如此，而"最短时间原理"依然适用。因此天体发出的光线射向地球时，在大气层中会循略呈曲线状的路径前行，天文学家将这一现象称为"大气层折射"。由于越接近地面空气密度越大，光在较低处受阻大（即光速较小），所以光线逐步折向地表。而由于大气上层空气密度很小，十分稀薄，光在那儿受阻很小（即光速较大），所以光在大气高层所传播的时间比它在低层的时间长（传播的路径也长）。这样，光才能以比严格循直线传播更快的路径抵达地表。

费马原理不只适用于光，声和所有形式的波，不论波的性质如何，它们在传播中都遵循这一原理。也许你会问，这是为什么呢？1933 年，杰出的物理学家薛定谔在斯德哥尔摩接受诺贝尔奖的演讲中，在谈到光如何在密度渐变的介质中传播时，他说："大家再想象一下一队正在前进的士兵，为了使他们始终成一条直线前进，让每个人都握住一根细长的杆，连在一起。对于方向不下命令，只有一条命令：每个人都尽快地跑。如果地形是随地点而缓慢变化的，那么有时右边前进得快，有时左边快，前进方向自然会发生变化。过一段时间后将会看到，走过的整个路径不是直线，而是某种曲线。因为每个人都尽了最大的努力，所以至少可以说，这条弯曲的路径在任何时候都是按地形特点最快到达终点的路径。还可以看到，偏斜总是发生在地形较差的方向上，结果看起来像是人们有意地'绕过'慢的地方。"

8.13　新鲁滨逊

《鲁滨逊漂流记》(*Robinson Crusoe*)中的主人公鲁滨逊，在荒岛上完全靠一次偶然的机会取得了火种，闪电击中并点燃了一棵树。而在儒勒·凡尔纳的小说《神秘岛》(*Mysterious Island*)中，几位主人公也被困在一个荒岛上，他们没有火柴，也没有燧石、钢铁和火药，但依靠物理知识和工程师的智慧生起了一堆火。小说中有以下一段描写：当水手潘克洛夫(Pencroft)打猎归来时，他被眼前的场景惊呆了，工程师和记者正坐在一堆炽烈燃烧的篝火前。

"谁生的火？"潘克洛夫问道。

"太阳呀！"

吉迪恩·斯皮莱特(Gideon Spilett)的回答非常正确，确实是太阳帮他们生了火。水手真有点不相信自己的眼睛，他惊讶得竟想不出什么问题质问工程师。

"那么，你们是用带来的放大镜点燃的？"

"不，没有放大镜。但我自己做了一块。"

工程师答道，并拿出这块自制放大镜给水手看。它由两片玻璃组成，是分别从工程师和记者所戴的手表上取下来的。他将两片玻璃合起来，中间注水，边缘处用泥土黏合。这样，自制放大镜便制成了。用它将太阳光会聚在枯草上，不一会就点燃了。

那为什么要在两片玻璃间注水呢？难道中间的空气就无法聚焦太阳光吗？答案是完全不能用空气替代水。手表玻璃的内外面是两个同心球面的一部分，它们相互平行。物理知识告诉我们，光线穿过表面平行的介质时，行进方向几乎不发生偏折。因此，光线穿过这两片玻璃时不会发生偏折，无法聚焦于一点。这就必须在两片玻璃之间充以一种比空气折光能力强得多的透明介质，而水是他们的唯一选择。

一个装水的普通球形玻璃瓶也是一个可取火的放大镜。古人很早就知道了这一点，而且还注意到，瓶中的水在会聚光时温度不会升高。曾发生过这样的事故：在窗户开启的窗台上无意丢下一个盛水玻璃圆瓶，强烈的阳光经它聚焦，竟引燃了窗帘和桌布。药房的橱窗常用装有颜色水的球形玻璃瓶来装饰，而这很易引燃放在边上的易燃化学品。

一个直径约 12 厘米的玻璃小圆瓶盛满水后，足以将盛在表面皿里的水煮沸。一个焦距为 15 厘米的盛水玻璃瓶，可在焦点处将温度升至 120℃，和玻璃透镜一样，用它可点燃一支烟。然而，必须指出的是，玻璃透镜比水瓶要有效得多。首先，水的折射率比玻璃小；其次，水会吸收红外线，而红外线对加热物体绝对必需。

让人惊讶的是，古希腊人早就知道玻璃透镜能点火，这比眼镜和望远镜的发明还早了 1000 多年。古希腊剧作家阿里斯托芬（Aristophanes）在他的著名喜剧《云》（The cloud）中提到了这一点，苏格拉底（Socrates）向斯瑞西阿得斯（Streptiadis）提出一个问题。以下是他们的一段对白。

苏:倘若有人向你索债,并出示你写的欠条。你怎样来销毁它呢?

斯:我想出了一个你也会认为很巧妙的办法。你一定在药店里见过那种神奇的透明石块,它能点燃东西。

苏:你说的是"取火玻璃"?

斯:正是它。

苏:用它做什么?

斯:一旦公证人下笔,我就站在他背后,用它把阳光会聚在欠条上,将欠条完全烧毁。

其实,在剧作家阿里斯托芬所处的时期,希腊人常在涂蜡的板上写字,而板上的蜡很容易熔化。

8.14 用冰取火

即便是冰,只要足够透明,也可以用来做成一个凸透镜,用于点火。光通过冰块时,并不会加热冰将它融化。冰的折射率仅比水小一点点,既然注水的球形透明容器可用来点火,差不多形状的一块冰也应该能点火。在儒勒 · 凡尔纳小说《哈特拉斯船长历险记》(*Voyages et Adventures of Captain Hatleras*)里,在−48℃的极寒中,被困的旅行者没有任何办法生火,一位叫克劳玻尼(Clawbonny)的博士用一块冰点燃了一堆火,让众人绝处逢生。以下是小说中取火的一段情节。

哈特拉斯船长对博士说:"真是糟透了!"

"是呀!"博士答道。

"连个望远镜都没有,否则镜头可用来生火。"

"太可惜了,"博士说,"太阳光这么好,用镜头是可以点燃火绒的。"

"看来只能吃生野猪肉了,"船长叹道。

"看来最后也只能这样了,"博士沉思道,"不过,为什么不……"

"不什么?"船长急切地问。

"我有个主意。"

"那我们得救了。"水手长喊了起来。

"但是……"博士有些犹豫。

"快讲,什么办法?"船长问。

"既然没有透镜,那就自己做一个吧。"

"怎么做呀?"水手长着急了。

"用一块冰做。"

"什么? 用冰做……"

"必须将阳光会聚到火绒上,而一块冰就能做到这一点。最好用淡水冰,它更透明而且不易开裂。"

"那儿有一大块冰,"水手长指着几百步开外的一块冰,"看来正是你要的。"

"好,拿上你的斧子去看一下。"

三个人走过去一瞧,正是一块淡水冰。

博士让水手长砍下一块直径约一英尺的冰。然后,他先用斧子、刀,最后用手把这块冰打磨成一块晶莹剔透的凸透镜。博士用它将强烈的阳光会聚到火绒上,几秒后火舌便升了起来(见图8-19)。

图 8－19　博士用冰透镜把强烈的太阳光会聚到火绒上

　　儒勒·凡尔纳的故事并非不可能。早在 1763 年，在英格兰就成功进行了第一次试验。此后，用冰块取火还不止一回。不过，在－48℃的严寒中，仅用斧子、刀甚至手就能打磨出一块冰透镜，这实在令人难以置信。当然，我们可用另一种更简单的办法来做冰透镜：找一个形状合适的碗碟，注水后冷冻，再在底部稍许加热后就可取出冰透镜了（见图 8－20）。当然，冰透镜只能在寒冷和晴朗的户外点火，在窗户紧闭的室内是点不成火的，这是因为窗玻璃吸收了阳光中的许多能量，剩下的不足以点燃火绒。

图 8－20　用碗碟做点火的冰透镜

8.15　让太阳光来帮忙

在冬天做以下实验也很容易：取两块大小相同的黑布和白布，将它们分开放在阳光照射的雪面上。一两个小时后，你会发现黑布半陷入雪中，而白布依然躺在雪面上，这是因为黑布能吸收照射在它上面的大部分阳光，而白布则将阳光散射开去。所以说，阳光对黑布的加热效果明显比白布好。

这一很有说服力的实验是美国科学家本杰明·富兰克林（Benjamin Franklin）首次完成的，他是美国独立战争的英雄人物，他发明避雷针的故事成为科学史上的不朽佳话。他对吸热实验则有如下一段描述：

我从裁缝的样本中拿了些各种颜色的方形布料，它们有黑色、深蓝、浅蓝、绿色、紫色、红色、黄色、白色和其他一些深浅不同的颜色。在一个阳光明媚的清晨，我把它们全都铺在了雪面上。过了几小时（我现在无法确切地说是多长时间了），黑色布片受热最多，深陷入雪中，以致阳光都照不到它。深蓝色布片陷入雪中与黑布片差不多，但浅蓝布片陷入雪中就浅多了。其他颜色的布片，随着色彩变浅，陷入雪中也越来越浅。只有白色布片仍待在雪面上，一点也没有陷进去。

如果科学得不到应用，那它还有什么意义呢？从上面的实验，我们难道不能得出，黑色的衣服不如白色那样适宜在炎热的气候和季节穿着？这是因为穿着黑衣在户外行走，身体会吸收更多阳光的热量。与此同时,身体由于运动而生热。在此双重作用下很易引起发热……夏天戴的帽子多为白色,这样可防止高热导致头痛,甚至中暑……水果储藏室的外墙常涂成黑色,这样在冬季的白天可以吸收更多的阳光,而在寒冷的夜晚起到一定的保暖作用,防止水果被冻坏。如果留心仔细观察和思考,日常生活中还有许多诸如此类大大小小的事例呢。

人们常得益于物体吸热的知识,这在以下事例中得以完美展现。1903 年,德国一艘船"豪斯"号远征南极,它被冰凌卡住无法动弹。从炸药到冰锯,各种办法就用上了,但船仍纹丝不动,最后太阳光拯救了他们。从船首到最近的冰面裂隙,船员们用黑色煤灰在冰面上铺了一条长2 千米、宽十几米的色带。此时正值南极的夏季,万里晴空的长日照时间让阳光发挥了威力,铺盖煤灰冰面下的冰凌开始融化,从裂隙处到船首的冰面渐渐开裂。黑色的煤灰完成了炸药和冰锯都无法完成的任务,阳光将囚困在冰面上的船带回了大海。

8.16 海市蜃景

关于海市蜃景的成因,相信大多数人都有所了解。沙漠中的沙子在烈日炙烤下被晒得滚烫,它加热了地表上方的空气,使得接近地表的这层热空气的密度小于上层空气的密度。从远处物体斜射过来的光线,穿过密度不同的空气层时会发生折射,行进路线逐渐弯折。当光线很倾斜地射向地表的那层空气时(入射角大于发生全反射的临界角),便会在这层空气上发生全反射，光线从地表的空气层反射，进入观察者眼中。顺着反射光线看去，眼睛会观察到远方的蓝天、白云及高物倒映在地表下方的虚像，它看起来犹如一洼湖水和岸边树木在湖中的倒影（见图8-21）。

图8-21　海市蜃景的形成。此图通常见于教科书中，有点夸大，把光线路径画得太陡了

这层地表热空气对光线的反射，与其说像镜面反射，还不如说更像潜水者从水下所看到的周边水面。只有在入射光线十分偏向地表，入射角大于或等于临界角时，才能发生光的反全射现象。

为了防止误解，请注意：密度大的空气层必须在密度小的空气层之上。通常热空气上升，冷空气下降，那么发生海市蜃景时，为何沙漠地表上面不是密度大的冷空气层，而是密度小的热空气层呢？这是因为空气是流体，紧挨地面处的热空气上升后，周边更多较热的空气会马上来填补。而地面犹如一个大烤盘，不断加热上方的空气，所以，相比高层空气，沙地上面的那层空气总是稀薄的，虽然它不总是相同的稀薄空气，但对光线来说它是没有区别的。

人们很早就知道了海市蜃景。现在将这种现象称为"下蜃景",还有一种海市蜃景称为"上蜃景",它是由比观察者所处位置高的上层稀薄空气层全反射形成的。顾名思义,观察者在"上蜃景"中所看的幻景或虚像是浮在空中的。人们大都认为海市蜃景只会出现在炎热的南方沙漠,而在北方观察不到。事实上,即使在北方,夏日柏油马路上方也常能看到,这是因为柏油路面能吸收阳光的大量热量,这使它看起来仿佛被雨淋湿一样,并倒映出远处的物体。图8-22显示了这种情况下光的全反射路径。只要留意观察,看到这种海市蜃景并不难。

图8-22 柏油马路上的海市蜃景

还有一种蜃景称为"侧蜃景",人们通常还真想不到会有这种蜃景。一位法国人观察到并描述了"侧蜃景"。他向城堡的一面墙靠近时,发现墙面突然亮了起来,它像一面镜子那样映出了周边的景物;他又向前走了几步,发现另一面墙也发生相似的变化。显然,这一现象是由于这两面墙被阳光暴晒加热形成的。

图8-23显示了两面墙(F和F')的位置和观察者所站立的位置(A和A')。这位法国人发现,只要墙被晒得足够热,幻景就能再次显现。他甚至想拍照记录下所观察到的幻景,图8-24描画了上述情景。左图是城堡粗糙的墙面F,看起来很一般,也不能映出站在边上两个士兵的像。

右图是他靠近墙面时所观察到的变化。此时墙面 F 突然变得像镜子般明亮,并映出站在边上那个士兵对称的虚像。以上现象显然不是墙面本身反射所致,它实际上是靠边墙面的那层炙热空气层所产生的全反射。如果在一个炎热的夏天,留心观察高大建筑物的墙壁,你可能也会发现这种海市蜃景。

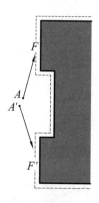

图 8-23　城堡墙面产生"侧蜃景"的俯视图。从 A 处观察,墙 F 像镜面般光亮;从 A' 处观察,墙 F' 像镜面般光亮

图 8-24　粗糙、灰暗的墙面(左图)突然看起来成了一面光亮的镜子(右图)

8.17 "绿光"

你在大海上观看过日落吗？可能看过。一轮红日的上缘渐渐沉入地平线之下然后消失，这一过程你也可能看到过。但当太阳正收起它最后的一缕光芒时，如果天空湛蓝无云，你注意到过什么吗？可能没有，不要错过这个良机，你看到的不是红色，而是天际处那一抹艳丽的翠绿。这一精妙绝伦的绿色无以言表，任何艺术家都无法复制，即便大自然也未曾在千万种植物或清澈的海水中呈现。

儒勒·凡尔纳的小说《绿光》(*the Green Ray*)里有一位女主角，一位苏格兰姑娘。她在一份英语报纸上读到了如上的描述，这激起了这位年轻女子非凡的热情和勇气，她于是只身漫游世界，想目睹这摄魂夺魄的绿色。虽然小说中这位年轻的女主角最终未能如愿，但这一大自然的鬼斧神工之作确实存在。尽管有许多与之相关的传说，但这绝非神话，只要你愿意付出，任何倾心于大自然之美的人都能观赏到它。

那么，这一抹神奇的绿光从何而来呢？不妨先回忆一下光透过三棱镜后你所看到的现象。将一块棱镜的底面向下，放在眼前齐目处，透过它，看钉在墙上的一张纸。首先，那张纸隐约可见，位置似乎被抬高了。其次，纸的上边缘是紫蓝色，下边缘是黄红色。所看到纸的像被抬高是由于光的折射，而色彩是由于玻璃对不同颜色的光折射率不同所致。它对紫蓝色光折射最大，所以紫蓝色位于纸的上边缘；它对红色光折射最小，所以红色恰好位于纸的下边缘。

为了便于你进一步理解,我必须解释一下这彩色边缘的起源。棱镜将白纸反射的白光分解为光谱中的所有颜色,于是产生纸的许多不同颜色的像,它们按折射率大小自上至下排序并依次相互叠加。这些叠加的色彩产生了白色(整个光谱的合成)以及在顶部和底部有彩色。著名诗人歌德也曾做过此实验,但他并没掌握其中的原理,反而认为推翻了牛顿关于色光的理论。此后,他还基于自己错误的概念写了《颜色论》(*Theory of Colours*)一书。但我想你不会重蹈他的覆辙,也不会希望棱镜能给一切物体重新着色。

地表上方的大气层也可视为底边向下的巨大棱镜。我们所看到地平线处的太阳,实际上是太阳透过空气棱镜所成的像。它的上边缘应有蓝绿色的,而下边缘应是黄红色的。当太阳位于地平线上方时,中央的光线太耀眼了,它盖过了边缘不太明亮的色带,所以我们完全看不到它们。但是,在日出或日落时分,此时太阳实际上位于地平线之下,它最耀眼部分的光线还没进入眼帘。太阳边缘就会呈现双重的蓝色光带,它的最顶端是蔚蓝色的,而下面是由绿、蓝两色混合成的浅蓝。当地平线附近空气十分清澈和透明时,就可能看到上端的蓝色边缘,即"蓝光"。但由于空气对蓝光有较强的散射,我们常常就只能看到绿色的上边缘——即"绿光"。不过空气时常较混浊,它会将蓝光和绿光都散射掉,这样,就看不到那绿色边缘了。所以,更多的时候,我们只能看到那一轮赤红色的残阳。

普尔科沃的天文学家季霍夫(G. A. Tikhov)曾就"绿光"专门写过一篇文章,在文章中他给出了可以看到"绿光"的先兆。"当夕阳呈赤红色,而且不刺眼时,你就可以确定无法看到绿色的光芒。"很明显,大气层已将蓝光和绿光都散射掉了。或换言之,太阳像的整个上边缘都被大气散射了。作者接着写道:"当夕阳一直呈黄白色,而且很耀眼时(即大气层对光的吸收很小，散射不强时），你很可能看到那绿色的光芒。当然，以下条件也很重要：地平线必须相当平直，视野中没有不平的地形、森林和建筑。一望无际的海面最易满足这些条件，所以海员对这种绿光就比较熟悉。"

总之，只有在日落或日出之际，而且天空十分清澈时，才可以观察到"绿光"。由于在南方地平线处的空气比纬度较高处更透明些，所以在那儿有更多的机会看到"绿光"。但在纬度较高处，"绿光"也并不像儒勒·凡尔纳认为的那样稀罕，只要你努力寻求，迟早也会邂逅那抹神奇的光芒。有人甚至还用望远镜观察到这一现象。

以下就是两位阿尔萨斯天文学家对此的描述：

在太阳沉入地平线前最后一分钟内，落日的相当一部分依然可见（指太阳的像），绿色的边缘像流苏般摆动，清晰地勾画出落日的轮廓。但是只有在太阳完全落至地平线之下时，你才能用肉眼看到这一景象。只有等到太阳消失在地平线上那一刻，鲜亮的绿光才会显现。然而，如果用高倍（例如100倍）望远镜来观察，你可以更好地看到此现象的全过程。在太阳最终沉入地平线前约十来分钟，落日上边缘围着一条绿边，而落日的下边缘则是红色的。起初，这条边很狭窄，只有几秒弧度。随着太阳渐渐下沉，色边也变宽，有时能达到半分弧度。在这绿色镶边之上，还常常能看到绿色的凸起部。随着太阳下落，这凸起部沿着镶边上移至顶端。有时，这抹绿色会完全脱离边缘，独自发光好几秒钟才暗淡下去。

通常这一现象会持续数秒，但在极为有利的条件下，可延长不少时间。曾有最长达五分钟以上的记录：当落日慢慢下沉到遥远的山后时，一个快步行走的人看到那抹绿色光芒也沿着山坡缓缓下滑（见图8-25）。

也有在日出时观察到"绿光"的记录。当旭日的上边缘渐渐从地平

图 8-25　对"绿光"的延时观察：快步行走的观察者在山坡后看到持续 5 分钟之久的"绿光"。右上角两幅小图是望远镜中所见的"绿光"，落日的轮廓并不规整：1.此时，太阳光很耀眼，妨碍了用肉眼直接观察绿色的边缘；2.当落日的光盘几乎完全隐去时，用肉眼可观察到"绿光"

线下露出时，那抹绿光也随之出现，这一现象充分否定了关于"绿光"最普遍的荒谬解释，即认为"绿光"不过是人眼在落日光芒刺激下产生的错觉而已。此外，不只有太阳才会产生"绿光"，其他天体也可以，例如金星下落时也会发出一抹"绿光"。

物理小词典

镜面反射　漫反射　散射

镜面反射：光照射在光滑平面上的反射现象。入射光线平行时，反射光线必平行。这种反射只能在某个特定的角度才能看到。

漫反射：光照射在粗糙不平表面上的反射现象。入射光线平行时，反射光线射向不同方向。

散射：光通过不均匀或有微粒介质时，部分光线偏离原来方向而分散开去的现象。光通过有尘埃的空气或胶质溶液时，太阳光遇到空气分子、尘粒、水滴等时，都会发生散射。大气中的微小尘埃对蓝光的散射比红光强 10 倍以上。

光的反射定律

- 反射光线、入射光线和法线位于同一平面内，并分居法线两侧。
- 反射角等于入射角。

镜面反射和漫反射（从微观上）都遵循光的反射定律。

平面镜成像的特点

- 物体在任何大小的平面镜内都能成等大的虚像。
- 像和物之间的连线与镜面垂直，它们到镜面的距离相等，大小也相等。
- 像和物关于平面镜对称。

光的折射定律　折射率

光的折射定律

- 折射光线、入射光线和法线位于同一平面内，折射光线和入射光线分居法线两侧。
- 入射角 i 的正弦和折射角 r 的正弦成正比。光从光速大的介质进入光速小的介质时，折射角小于入射角；光从光速小的介质进入光速大的介质时，折射角大于入射角。

折射率：入射角正弦与折射角正弦的比率称为折射介质对入射介质的折射率。它也等于入射介质中光速对折射介质中光速的比率，用 n 表

示折射率，则

$$n = \frac{\sin i}{\sin r} = \frac{v_i}{v_r}.$$

全反射　临界角

光从光速小的介质进入光速大的介质时，折射角大于入射角。当入射角大于某一临界值（称为临界角 C）时，折射光线完全消失，所有入射光线都被界面反射的现象。

$\because$　$\angle i = C$，$\angle r = 90°$，$n = \dfrac{\sin C}{\sin 90°}$，

$\therefore$　$\sin C = n = \dfrac{v_i}{v_r}$.

最短光程原理（费马定理）

光传播必取到达目的地所需时间最短的路径，故又称"最短时间原理"，由此可证明光的反射定律和折射定律。

凸透镜　焦点　焦距

中央比边缘厚的透镜称为凸透镜，又称会聚透镜。通过它两个球面中心的直线称为主光轴，它的中心点称为光心。平行于主光轴的光线会聚于主光轴上的一点称为焦点，从焦点到光心的距离称为焦距。

实像　虚像

实像：由实际光线会聚而成，能用光屏和感光元件接收和显示的像。实像皆倒立。

虚像：如果光束是发散的，光线反向延长线的交点称为虚像点。实

际光线不能到达虚像位置,该处无法用光屏或感光元件接收虚像。

色散　光谱

　　由复色光分解为单色光的现象称为光的色散。白光所分解成的彩色光带称为光谱。光的色散需能折射光的介质。由于不同频率的色光在介质中的速度不同,介质对不同色光的折射率不同。当复色光在介质界面上折射时,不同色光因折射角不同而彼此分离。介质对频率高的蓝光折射率大,而对频率低的红光折射率小。所以相对于入射方向,蓝光比红光偏折更大,蓝色和红色分别位于光谱两端。

第九章　视觉

9.1　照相术发明之前

今天照相已相当普遍,但在过去的一个世纪里照相还没发明时,很难想象我们的祖先怎么能够没有它。在查理·狄更斯(Charles Dickens)的名著《匹克威克外传》(*the Pickwick Club*)中有一段妙趣横生的情节,其中描述了数百年前英国的狱吏是如何记录犯人形象的。这一幕发生在匹克威克刚入狱之际,他被告知必须坐着让人画像。

"坐在这里,给我画肖像?"匹克威克先生道。

"把你的像画下来呀,先生。"胖狱卒说,"我们这里对此很在行,很快就能画完,而且都很像。请进来,先生,不必拘束。"

匹克威克先生接受了邀请,坐了下来。此时,正站在椅背后的山姆(匹克威克的仆人)对他耳语道:"所谓坐下来画像,只是让其他狱卒都来察看一番罢了,这样他们才能把犯人和探视者区分开来"。

"哦,山姆,"匹克威克先生说,"我希望这些画家现在就来,这可是个人多眼杂的地方呀!"

"我想不会很久的,先生。"山姆答道,"这里还有一只荷兰造的钟呢,先生。"

"我看得见。"匹克威克先生抬头看了一下说。

"呀!还有一只鸟笼,先生,"山姆说,"轮中有轮,牢中有牢。不是吗,先生?"

当山姆作这番颇有哲理的评述时,匹克威克先生意识到画像已经开始了。那个胖狱卒已经交班了,坐在那里漫不经心地时而对他看上一眼。接班的瘦长狱卒双手插在燕尾里,站在对面久久地打量着他。第三个是位看起来相当忧郁的绅士,显然画像妨碍了他用完茶点,因为他进来时还在解决留在嘴里的面包皮和黄油。他紧挨匹克威克先生站着,双手撑在臀部,低头细细察看着。还有两个夹杂在中间的狱卒,用很专注的神情研究着他的相貌。在此情景下,匹克威克先生显得十分害怕,很不自在地坐在椅子上。但他没对任何人开口,即便是山姆。整个过程中,山姆侧身靠在椅背上想着心事。一来,暗叹自己主人的处境;再则思量着:假如那帮狱卒能挨个乖乖地让他合法地揍上一顿该多爽。

最后,画像终于结束了,匹克威克先生被告知可以进牢房了。

更早时期,所谓"肖像"就是描述某人特征的一张清单。在历史剧《鲍里斯·戈杜诺夫》(*Boris Godunov*)中,普希金告诉我们沙皇诏书如何描绘格里戈里·奥特列佩耶夫(Grigory Otrepyev):"矮个,宽胸,一只胳膊比另一只短,蓝眼,棕黄色头发,脸颊上有颗疣,前额上也有一颗。"今日,所有这些只要一张相片就够了。

9.2　照相术发明之初

照相术是在 19 世纪 40 年代时被引入俄国的, 当初照片是印在金属版上的, 此法以发明者的名字命名, 称为"达盖尔银版摄影"。这种拍照方式十分不便, 被拍摄者必须在相机前长时间摆好姿势不动, 耗时长达 14 分钟, 甚至更久。一位圣彼得堡的物理学家 B.P.温伯格(B. P. Weinberg)曾说过:"我祖父为了拍张这种照片在相机前坐了足足 40 分钟! 而且照片还不能复制。"

不要画家就可以获取一张自己的肖像, 确实既神奇又新鲜, 大众对此并不能很快适应。1845 年的一份俄国老杂志曾刊登过以下轶事:

很多人仍不太相信达盖尔银版照相会自行操作。一日, 某绅士决定前往照相店试一试。店主兼摄影师请他坐下, 调整好相机镜头并插入一块板, 看了一眼表就走开了。店主在场时, 这位顾客一动不动地坐在椅子上。待店主离开后, 顾客认为没必要再端坐着, 他站了起来, 嗅了下鼻烟, 四处端详了一番照相机, 对着镜头晃了下脑袋, 口中嘟哝着"哈, 太妙了"。接着, 他在屋内转悠起来。

店主返回时, 站在门口惊讶地喊道:"你在干什么? 不是让你坐在那儿吗!"

"是呀, 我是坐着的。你出去时, 我才站起来的。"

"但你还是应该一动不动地坐在那儿。"

"我为什么要纹丝不动地坐着呢?"这位绅士反驳道。

　　我们现在当然不会这么幼稚，但直至今日，不少人对有关摄影的一些问题还是不甚了解。举例来说，知道应该怎样去看一张照片的人并不多。确实，它不像我们想象的那么简单，虽然摄影术已经发明了一个多世纪，普通得不能再普通了。然而，即便是专业人士也未必能以正确的方法去观看一张照片。

9.3　怎样看照片之一：用双眼还是用单眼看

　　和我们的眼睛一样，照相机完全依据相同的光学原理工作。任何投影在相机玻璃光屏上的景像，取决于镜头和物体之间的距离。透视相机提供了单只眼睛（注意！）获得的视角，如果我们用眼睛替换透镜。因此，如果你想从一张照片中获得的视觉印象与被拍照物体产生的效果相同，我们首先必须用一只眼睛观看照片，其次要将照片放在适当的距离。

　　毕竟，当用双眼看照片时，你看到的是一幅平面图像，而不是立体的，这是我们视觉产生的错误。当我们用双眼去看一个三维物体时，它在左右眼视网膜上形成的像并不完全相同（见图 9 - 1）。我们的大脑将这两个不同的像合二为一，使之成为一个凹凸有致、栩栩如生的形象，这也是立体镜的工作原理。另一方面，如果我们用双眼去看一个二维的物体，例如一面平的墙，它在左右眼视网膜上形成的像相同，那么大脑就会告诉你，所视之物是平的。

　　现在，你应该能理解用双眼去看一张照片的错误所在了。此时，实际上你在迫使自己相信你面前照片上的图像是平的。当我们用双眼去

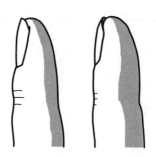

图 9-1　将一个手指靠近眼前,分别用左、右眼所看到的手指像

观看一张实际上要用单眼观看的照片时,我们自己就无法看到这张照片真实呈现的内容,从而破坏了相机之眼如此完美地产生的图景。

9.4　怎样看照片之二:在什么距离看

　　我们应将照片放在离眼适当的距离处看,这一点同样很重要,否则会影响透视效果。那么,照片应该放在离眼多远处才合适呢?答案是,照片对眼睛所张的视角应等于它在感光屏上产生的像对相机镜头所张的视角,也即物体对相机镜头所张的视角(见图 9-2)。

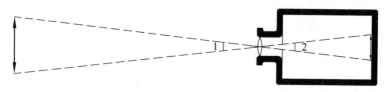

图 9-2　物对镜头所张的视角 1 等于像对镜头所张的视角 2

　　所以,看照片的距离应等于像距(镜头至光屏上清晰像的距离)。可根据以下比例关系求像距:即像距与物距(被拍摄物至镜头的距离)之比

应等于像与物的大小之比。通常由于像距与相机镜头的焦距大致相等，所以照片离眼的距离应约等于镜头的焦距。

因为作者在写作本书时相机的焦距多为 12～15 厘米，所以一般不可能在这么近的距离处来看照片。正常眼睛的明视距离是 25 厘米，比此焦距大了近 2 倍，而挂在墙上的照片离眼更远，故景物看起来都很平。近视眼的明视距离较短，或者儿童眼睛的变焦能力较强，故此只有他们才可能凑到如此近看照片。此时，如果他们只用一只眼在 12～15 厘米处看照片，所见景物是有纵深感的，而非一个平面。

我想你现在会同意我的观点，那就是只是由于无知，我们才无法从照片中获得乐趣，并且经常不公正地指责它们毫无生气。

9.5　放大镜的妙用

眼睛近视的人能从一张普通照片中看出纵深感来，那么视力正常的人该怎么办呢？放大镜就能帮上忙。用一只双倍放大镜去看照片，视力正常的人也可获得近视眼的特殊视觉优势。这样，不必让眼睛高度紧张，便可体验到照片的纵深感。

与用双眼看挂在一定距离处墙上的一张照片相比，用单眼透过放大镜看同样照片的视觉感迥然不同，它会产生一种栩栩如生的感觉，这种视觉效应接近于立体效果。尽管很多人早已知晓这情况，但能对此作出正确解释的却并不多。本书的一位评论者来信写道：

请在再版中分析一下以下问题：为什么透过放大镜看照片感到

有立体感？我认为有关立体镜的种种解释根本站不住脚，不管理论怎么说，只用一只眼睛透过立体镜去看，照片看上去却有纵深感。

我相信你会同意，这一评论并没有挑出立体视觉理论中的任何漏洞。

在玩具店中会出售一种叫做"全景画"的玩意，它能产生新奇的效果。其实，这种效果也是基于同一原理产生的。这种玩具就是一个边上有块放大镜的小盒，盒中放一张普通照片、风景照或全家福之类，用一只眼睛（它本身就能给出立体效果）透过放大镜观看照片。通常，还会把照片中的前景物剪下，分开放在照片前，这样能大大加强立体视觉的效果。这是因为我们的眼睛对近处实物的立体感远胜于对远处的物体。

9.6　放大的照片

不借助放大镜，用正常视力的眼睛看照片，是否也能产生相仿的视觉效果呢？其实，只要用长焦距镜头拍照就行了。根据前面的解释，只要用一个焦距为25～30厘米的镜头拍照，你便可在通常的明视距离上用一只眼看到一幅有纵深感的图像。

你甚至可以得到这样的照片，即使在一定距离处用双眼看，也不会觉得这是个平面像。前面讲过，大脑能将在两个视网膜上所成的相同像合二为一，告诉你这是个平面像。但照片离眼睛越远，大脑的这种功能就越弱。所以，只要用一个70厘米的长焦距镜头拍照，你用双眼就可看到有景深感的照片。

但添置一个长焦距镜头并不方便,这里介绍另外一种办法:你只要将用普通相机拍摄的照片放大就行。照片放大后,看照片的合适距离会随之增大(视角不变,像距和像大小增加相同倍数)。如果将用焦距15厘米镜头拍摄的照片放大4~5倍,就足以获得所期待的视觉效果。这样,你便可以用双眼在60~75厘米处观赏这张放大的照片了。由于被放大,照片的细节会略显模糊,但在这个距离上观看,几乎难以觉察到,因此从获得视觉的立体和景深效果看,这确实很成功。

9.7　电影院中的最佳座位

经常光顾电影院的观众会有如下体验:有些画面特别真实,银幕上的场景和演员似乎呼之欲出。这并非如我们通常所想的,是由于影片本身的缘故,事实上这还取决于观众所坐的位置。电影摄影机镜头的焦距通常很短(设为10厘米),放映机投在银幕上的像是胶片上的100倍,所以,你可以用双眼在距银幕10米(10厘米×100＝1 000厘米＝10米)处观看。假如你在以摄影机拍影片的同样视角看银幕上的像,就会感觉画面相当逼真。

那么,怎样才能找出与此视角对应的观影距离呢? 首先,应选择正对银幕中央的位置。其次,座位到银幕的距离与银幕宽度之比应等于摄影机镜头焦距与电影胶片宽度之比。根据所拍摄对象,电影摄影机镜头的焦距有35毫米、50毫米、75毫米或100毫米几种。标准电影胶片的宽度为24毫米。对75毫米的镜头来讲,

$$\frac{\text{所求距离}}{\text{银幕宽度}} = \frac{\text{镜头焦距}}{\text{胶片宽度}} = \frac{75}{24} \approx 3$$

因此,你的座位距离银幕应为银幕宽度的 3 倍。如果银幕宽 6 步,
那么最佳座位应距银幕 18 步。在尝试各种提供立体效果的装置时,请
记住这一点,因为人们可能会不经意地将实际上是由外部条件导致的结
果归因于这个发明(装置)。

9.8　给画报读者的建议

图书和杂志中的照片自然具有和原始照片一样的特性,当你用单眼
在一定距离处观看时,会有同样的景深和立体感。但由于不同照片是用
不同焦距镜头的相机拍摄的,所以只能通过试验的办法找到最佳观看距
离。首先,你可用一只手遮住任意一只眼,另一手臂伸直将画报举在眼
前,使画面与视线垂直。然后,让画面一点点靠近,眼睛紧盯画面中央,
这样你就可以捕捉到视觉效果最佳的位置。

许多照片,用习惯的方式看来显得平淡和不太清晰。但如果用上述
方法来观看,你会感到图像更清晰,景深更大,你甚至可看到照片中水面
或水滴辉映的光泽,以及诸如此类事物的立体感效果。

有趣的是,尽管在半个世纪前的科普书籍中就曾解释过这种观照
法,但现在还是很少有人知道这种简单的方法。在《心理生理学原理和
应用》(*Principles of Mental Physiology, with Their Application to
the Training and Discipline of the Mind, and the Study of Its*

Morbid Conditions)一书中，作者威廉·卡彭特（William Carpenter）就曾描述过如何观看照片：

> 很奇妙，用这种方法看照片，不只能看到物体的立体外形，而且还能让你感到栩栩如生，这在观察静水的影像时尤为明显。一般情况下，这是照片最难表现的景物。如果用双眼看，水面如同一片白蜡般毫无生气，但如果只用单眼看，一片清澈透明和有透视感的水面就会显现。对具有表面反光特性的物体，譬如青铜和象牙，用单眼看照片比双眼能产生更加形象生动的视觉感。（当然对于用双像合成的立体摄影术，就另当别论了。）

此外，我们已经看到，将照片放大后看起来确实更生动，而缩小后的照片就显得很平淡。尽管照片缩小后，对比度有所提高，但画面看起来是平平的一块，缺乏纵深感和生动感。这是由于照片缩小后，观察的视角变小了，于是看原先照片的透视感尽失。

9.9　怎样欣赏画作

前面所介绍的欣赏照片的方法，在一定程度上也适用于欣赏画作。同样，也必须在合适的距离处观赏，否则画面就会毫无生气。而且，最好用单眼看，尤其在看尺寸很小的画作时更是如此。

卡彭特在前述的同一本书中写道："这种方法人们早就知道了。当我们专注地凝视一幅画作（它的层次、光线、阴影和其他细节与所呈现的景物完全一致）时，比起用双眼观看，用单眼观赏时画面显得更加生动。

这一效应还可以用以下方法加强：试着用单眼通过一根大小、形状合适的管子看画面，因为它将周边的事物遮挡住了。对此事实，曾有一种被普遍接受的错误解释。英国著名的培根（Bacon）勋爵曾说过：'用一只眼确实比双眼看得更真切，这是因为用一只眼时，精神更专注、更集中，视力更强。'其他一些作家，尽管所用语言不同，也赞同培根的精神专注说。事实上，当你用双眼在适当距离处看画时，大脑会强迫告诉你：前方是个平面。而当你用单眼看画，并将画面周边物遮住时，大脑便获得解放，它会完全被画中景物的透视感、明暗对比等所左右。这样，当你专注凝视一幅画作片刻后，画中的景物就会显得十分真切和生动。"

巨幅画作往往需要在较远距离处观赏，这样才能产生真切的透视感。用照相的方法将它缩小，我们便可在较近处观赏画作，而不影响画面的透视度和真切感。

9.10 平面上的立体像

前面介绍了观赏照片和画作的方法，但这不应被误解为：没有其他方法可以在平面图片上获得景深和立体感。所有的艺术家，不论是绘画、图形设计，还是摄影，他们的宗旨都是创作能给观众留下印象深刻的艺术作品。在创作时，他们不可能去考虑让观众捂住一只眼、站在一定距离处观赏每件作品。

每位艺术家，包括摄影家都有许多方法在二维平面上创造出三维立体像。远处物体在视网膜上形成的像并非画面景深的唯一象征。在"空间透视"的绘画技法中,画家用渐进的色调和对比度使背景显得模糊,似乎透过一层透明空气薄雾的面纱看背景。再加上运用线性透视技法,画面的景深视觉便形成了。摄影家运用同样的原则,在光线、镜头乃至相纸上都力求完美,这样才能拍摄出一张透视感很强的佳作。

在摄影中,正确的对焦也很重要。如果对焦在前景处,前景的物体就比远处物体清晰得多,在许多场合仅此就能产生景深效果。反之,当减小光圈并对焦远处,前景和背景都会变清晰,得到的将是一张没有景深的平面照。一般来讲,正是由于观赏者会在平面画面上看出三维效果,所以一幅图像对观赏者产生的效果与视觉生理的条件无关,有时甚至有违几何透视的原理。当然,这在很大程度上取决于艺术家个人的智慧。

9.11　立体镜

当看一个立体实物时,视网膜上的像是平面的。那么,为什么我们会认为此物体是三维的而非二维的呢?这种几何立体的视觉效果从何而来?实际上,有以下三方面的原因。首先,物体不同部位的光线强弱不同,这就将此物体的形状显现出来。其次,眼球的调焦能力使我们能感知物体不同部位离眼的距离不同。假如被视物是个平面,其上各部位离眼距离相同,则视觉感知到这是二维的。最后,也是最重要的原因,是双眼视觉效应。同一立体实物,在左右眼视网膜上所成的像是不同的。将一立体实物靠近脸部,交替闭上一只眼睛去看该物体,就得到图9-1和图9-3所示的像。左右眼分别看到两个不同的平面像,然后大脑将它们合成为一个凹凸有致的像,这种立体感比用单眼看时要明显很多。

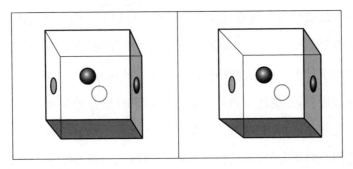

图 9-3 玻璃骰子。一张是用左眼看到的图,另一张是用右眼看到的图

有一种称为"立体镜"的器具,用双眼去看两张图片,它们是用两架相机在左右两眼方向上拍摄同一景物所得到的。老式的立体镜用平面镜,新式的则采用玻璃凸透镜。在玻璃凸透镜中,通过连续折射来叠加得到两个稍微放大的像。

其实,立体镜的基本原理非常简单,但它产生的效果确实很惊人。或许不少人已看过各种立体镜图片,一些人或许还用它来帮助学习立体几何呢。接下来,我将继续讲一些有关立体镜的应用,其中许多你们可能都不知道。

9.12 双眼视觉

事实上,我们习惯用双眼而不是透过立体镜去看物体。两者唯一的差别在于,透过立体镜看到的物体要大一点。立体镜的发明者惠斯通(Wheatstone)正是利用了双眼的这一天然特性。下面有数个难度逐渐增加的立体镜图片,你不妨只用双眼去看一下。当然,必须通过一番练习,方可达到立体视觉效果。[1]

先从图9-4开始,脸渐渐靠近图中所绘的两个黑点,双眼盯着黑点中间几秒钟,很快你会看到四个黑点而不是两个,边上两个分得很开,中间两个靠得很近,甚至变成了一个。两眼再分别靠近图9-5和图9-6看,当图中两个像重合时,所见好似从一根长管的一端看过去一样。然后,用同样方法同时看图9-7中左右两图,这些几何体好像悬在半空。用同样的方法看图9-8,所见好似从一条长走廊或隧道口看进去一样。而看图9-9,好似看到一个真的透明玻璃鱼缸。至于看图9-10,仿佛真的海景呈现在眼前。

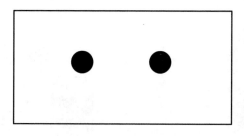

图9-4　盯着两个黑点中间看几秒钟,两个点似乎会重合

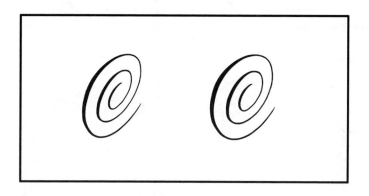

图9-5　依同样方式看图,接着做练习

1　注意,并非所有人都能看到立体效果,即使用立体镜也不行,例如一些有斜视的或习惯用一只眼睛工作的人。其他一些人也只有经过长时间的观察训练才能看到立体视觉效果,而年轻人通常练习一刻钟后就能成功。

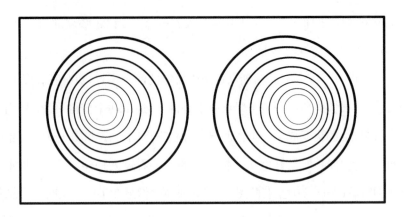

图 9-6   当两个像重合时,好似从一根长管的一端看进去一样

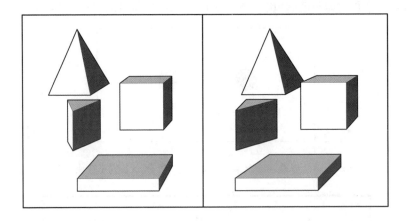

图 9-7   当四个几何体的像重合时,它们看似悬在半空一样

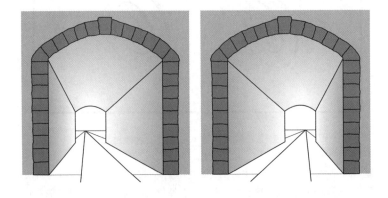

图 9-8   这是从一条长通道口看进去,左右眼中分别所成的像

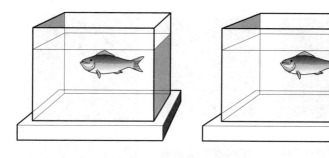

图 9-9　在玻璃鱼缸中的一条鱼

图 9-10　一对海景立体镜图片

　　要达到上述视觉效果并不很难,经过数次练习,大多数人能较快掌握。对于近视或远视的人,无需摘去眼镜,就像平常那样去看就行。在反复试验中,找到合适的距离至关重要。此外,看图时的光线也很重要。

　　现在你可试着不用立体镜去看一对立体镜图片。你可以先看图 9-4,再看图 9-11,但不要做得太过,让眼睛过度疲劳。如果尝试不成功,你可以用两块凸透镜(如远视眼镜片)做一个简单而实用的立体镜。将两片透镜并排嵌在一块硬纸板上,只留镜片中央部位观看,中间用膜隔开,这样就更容易产生立体视觉效果了。

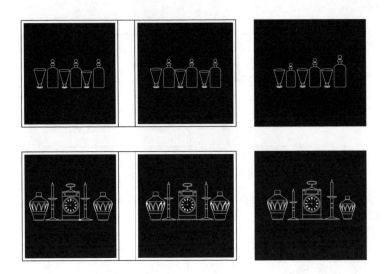

图9-11　左:分别用左、右眼看到的;右:在立体镜中所见

9.13　用一只眼看和用两只眼看

在图9-11中,第一行左边两张照片里的三个瓶子看似大小相同。不管你怎样仔细看,都不能发现这三个瓶子的大小有什么不同。其实,它们的大小是不同的,而且很明显。瓶的大小之所以看似相同,是因为它们到眼或照相机的距离不同,大瓶比小瓶更远而已。但究竟哪一个最大,哪一个最小呢?无论你怎么盯着它看,都不能得到答案,但只要用立体镜看或做一下双目视觉练习就不难解答。结果你会发现最左边的瓶子最近,而最右边的瓶子最远,所以最左边的瓶子最小,最右边的瓶最大。第一行最右边的照片显示了瓶子的真实大小。

在图 9 - 11 中，第二行左边两张照片更为有趣。照片中的花瓶和烛台看似完全一样，实际上大小却有很大差别。其实，左边花瓶几乎是右边花瓶的两倍大，相反左边烛台比右边烛台和钟都要小。双目视觉能揭示其中的原因，这些物体并非排成一行，它们放在不同距离处，大物体比小物体离镜头远。所以，双眼视觉确比单眼更有优越性。

9.14　识别伪钞

如果你有两幅完全一样的图片，例如两个相同的黑色正方形，把它们放在立体镜中看，所见还是个正方形，与原来任何一个都没有区别。假如在这两个正方形的中央有一个白点，那么在立体镜中所见正方形的中央也有一个白点。但是假设其中一个正方形的白点稍许偏离中央，在立体镜中会看到白点不在正方形平面上，而是位于它之前或之后。两张图片的微小差异，在立体镜中会产生纵深的透视感，这就给我们提供了一种识别伪钞的简单方法。只要把所怀疑的钞票放在真钞票边上，用立体镜去看，不管伪钞做得如何逼真，都可鉴别出来。任何伪造的痕迹，哪怕是蝇头细丝也会突显在眼前，不在真钞的前面就在真钞的后面。[1]

1　这种鉴别法发明于 19 世纪中叶。由于印刷术的进步，此法不再适用于今天发行的货币，但这种方法还是可以用来区分两份书页样张中哪一份是由原迹复印的。

9.15　巨人的视力

　　当物体离我们非常远,比如超过 450 米时,立体视觉效应就不存在了。这是因为两眼间的距离仅约为 6 厘米,无法与物距 450 米相比,因此双眼无法产生视觉上的差异。难怪远处的建筑物、山峦和景物看起来都是平面的。同样,夜空中的天体看似离我们一样远。实际上,行星比月亮离我们远很多,而其他恒星又比行星离我们更为遥远。很显然,在同一个位置是拍不出立体照片的,用立体镜也肯定看不出任何立体效果。

　　对于此问题,有一个简单的解决方法:只要在两处分别拍摄远处的物体,而且这两处的距离要远比我们双眼间的距离大。将这样拍得的一对照片放在立体镜中观看,就会产生立体视觉,这就像我们用巨人的双眼去看遥远的景物一样。立体风景照就是采用这种方法制作的。通常透过一对放大棱镜去观看所摄照片,由此产生的立体感相当惊人。

　　你可能会想到,如能同时直接通过两个望远镜去看远处景物,而不是看照片,景物就会相当真实地展现在眼前。我们可以布置两个望远镜,直接呈现出周围景致的景深。是的,这种仪器称为立体望远镜,由两个望远镜组成,它们之间的距离远比我们双眼之间的距离大。在两个望远镜中所成的像再通过棱镜反射分别进入左右眼叠加起来(见图 9 - 12)。

　　用立体望远镜观看远处景物的感受真是妙不可言。你犹如直接置身于大自然之中,远处的山峦、峭壁、树木、建筑和大海中的船只都呼之

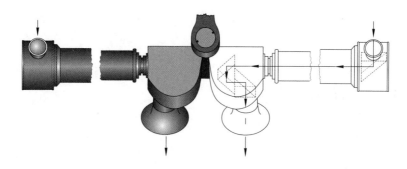

图 9 - 12　立体望远镜

欲出,它们看起来不再是平板一块。在普通望远镜中,地平线处航行的
船只似乎是静止的,而在立体望远镜中会发现船只在运动,这很可能就
是神话中巨人眼中所见的世界。

如果立体望远镜的放大倍数是
10 倍,而且两个物镜间的距离是瞳
距的 6 倍,那么通过它所见景物的
立体感是用普通望远镜的 60 倍
(6×10)。即使景物远在 25 千米之
外,还能看出立体感。对于大地勘
察员、海员、炮兵和旅行家来讲,立
体望远镜实在是天赐之物,尤其如
果它配备了测距仪。蔡司棱镜双筒
望远镜也有同样效果,这是因为两
个物镜的间距比一般瞳距大许多
(见图 9 - 13)。相反,观剧镜的物
镜间距并不分得很开,因此立体感
减弱了,但却能看清舞台上的布景。

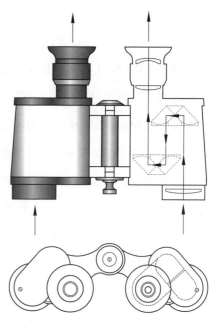

图 9 - 13　棱镜双筒望远镜

9.16 立体镜中的宇宙

如果用立体望远镜看月球或其他天体,你不会有任何立体视觉感。这是因为天体间的距离实在太大了,望远镜两个镜头的间距一般为30～50厘米,这与地球到其他天体的距离显然无法比拟。就算能够把两个镜头的距离增大到几十,乃至几百千米之远,也无济于事,因为这些天体大都远在几千万千米之外。

这时又得采用立体照相术了。设想我们今天拍摄了一张某行星的照片,明天又拍摄了另一张同一行星的照片。虽然两张照片是在地球上同一地点拍摄的,但实际上是在太阳系中两个不同地点拍摄的,这是因为地球在一昼夜中已在轨道(黄道)上前行了几百万千米了。所以,这两张照片并不相同,如果从立体镜中观看这对照片,就会产生立体视觉效果。正是由于地球的公转,我们才能拍摄到这样的立体视觉照片。想象假如有个超级巨人,他巨大头颅上的瞳距有数百万千米,他所看到的星体正是你在立体镜中所见的。天文学家利用这种方法取得了异乎寻常的效果。月球的立体摄影所显现的山峦影像如此清晰和真切,科学家据此可以测量出它们的高度。在立体镜中,月球表面不再是一个毫无生气的平整球面,而是被雕凿过的艺术品。

立体摄影术现在已用于发现小行星,一群在火星和木星轨道间运行的天体。不久前,天文学家发现一颗小行星还要碰运气。而现在,只要用立体摄影显示天空中的这一区域,小行星就会马上显现出来。

借助立体摄影术,天文学家不仅能发现天体位置的变动,而且还能发现它们亮度的差异。天文学家可用此法方便地跟踪称为变星的天体,它的亮度会周期性地涨落。变星的亮度一发生变化,立体照就能马上把它抓住。

天文学家还能用立体摄影术拍摄星云(仙女座和猎户座)的照片。但要拍星云的立体照,太阳系已显得太小了。好在,太阳系又在银河系中运动。正由于这种在宇宙中的运动,我们才得以不断地在太空中新的位置观察浩瀚的星空,经过足够长的时间流逝,就可能拍摄到两张有差异的星空照片,再用立体镜便可看到星云的立体影像。

9.17　三眼视觉

并非瞎说,确实是用三只眼看。一个人怎么可能有三只眼? 这第三只眼从何而来呢?

科学当然不能给我们再造出一只眼睛,但科学能让我们见到只有三眼生物才能看到的影像。首先,一个单眼失明的人可借助科学方法看到他通常无法看到的立体像。为此,可将分别在左右位置拍到的照片投到屏幕上,两张照片连续不停地高速切换,这样就把正常人用左右眼同时看到的影像以这种高速方式依次呈现给一只眼睛看。由于视觉暂留效应,单眼也能将两个影像合而为一,这与用双眼同时看到的立体效果没啥差别。[1]

1　一些纵深感极强的电影,除了本身拍摄的因素外,也利用了这一点。当电影摄影机以一种"由于卷片机而经常发生的均匀运动"摇摆时,静态图像将不相同,当它们快速地投射到屏幕上时,我们看到的将是一个三维图像。

借助此法,双眼正常的人可用一只眼看快速切换的左右眼立体照,而用另一只眼看在第三个位置拍摄的照片。这样,我们就相当于同时用三只眼在看同一景物了,由此产生的立体感可以达到极致。

9.18 立体闪烁

图 9−14 是有关多面体的两张立体图,左边是白色背景上的黑色多面体,右边是黑色背景上的白色多面体。将它们放在立体镜中观察,会看到什么呢? 物理学家亥姆霍兹(Helm-holtz)对此有如下描述:

> 如果在立体镜中放两张纸,一张是白纸,另一张是黑纸。尽管纸面很粗糙,但所合成的像是闪闪发光的。用这种方法可显示石墨晶体模型表面的闪光。在立体照相中采用此法,可使水面的辉映、叶面上的闪光显得更加栩栩如生。

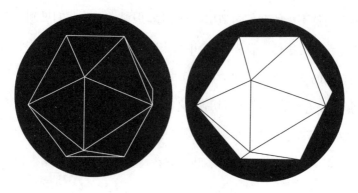

图 9−14 立体闪烁。在立体镜中这两幅图产生了黑色背景上的闪光多面体

在一本出版于 1867 年讨论视觉的感官生理特征的著作中,作者谢

切诺夫(Sechenov)对这一现象作了如下令人信服的解释:

> 将不同亮度或不同涂色的表面产生立体镜合成效果的实验,只是再现了用眼睛观看表面光亮物体的实际状况。粗糙表面与光亮表面的差别何在? 粗糙表面向所有方向反射和散射光线,所以从任何角度观看亮度一致。而光亮表面只向某一特定方向反射光线,因此有可能只有一只眼接收到反射光,而另一只眼却几乎没有。这种情况恰好与白色表面和黑色表面在立体镜中的合成相吻合。很明显,当看闪闪发光表面时,肯定会有以下状况:进入双眼的反射光线并不均匀。因此,这种立体镜闪烁证明了在人体的图像合成行为中,经验是极其重要的。只要被经验训练出来的视觉器官有机会把不同视野之间的冲突归因于某个熟悉的真实视觉情境,这种视野之间的冲突就会立即让位于一个明确的视觉观念。

所以,我们看到某些物体表面闪闪发光,至少其中一个原因是左、右眼视网膜上所成像的亮度明显不同。如果没有立体镜的发明,我们几乎猜不到其中的道理。

9.19　快速运动中的视觉

前面曾提到:如果让分别在双眼中形成的像在一只眼前连续快速地切换,由于视觉暂留效应,两个像能明显合成,于是就会产生立体视觉感。那么,是否这种情况只在眼睛不动、眼前图像快速运动时才会出现? 假如图像不动,眼睛在快速运动,会不会出现呢? 正如预料之中，这种立体视觉感也会产生。几乎可以肯定，许多人在看电影时都注意到，从高速列车中向外拍摄的景物显得格外真切，这种不同寻常的立体感一点不比立体镜差。我们在高速行驶的火车或汽车中，留意观察一下外面的景物就会发现这一点。此时，窗外景物远近分明，纵深感和立体感显著增强，这已经远超眼睛不动时双眼450米的最大立体视觉范围了。

正是由于这个原因，我们从飞驶的火车中向外望去才感到景色十分宜人。远处绵延的景物向后退去，一幅生动的全景图展现在眼前。当驾车在树林中疾驶时，你会发现每棵树、每根枝条、每片树叶都栩栩如生，与站着不动所看到缺乏生气的平面景物迥然不同。当车子在山区行驶时，窗外山峦和山谷的立体感分外真切。

只用单眼视物者也能看到这种效果，对他们而言，这是一种出奇和全新的感受，并不亚于坐着看快速切换的图片。[1]

要证实上述解释再简单不过了，你只要在奔驰的火车或汽车中，留神察看窗外的景物就行。此时，你或许还会注意到另外一个不寻常的现象。100多年前，有人曾对此作过描述：近处一闪而过的物体看似变小了。这一情况与双目视觉效应无关，简单地讲，这是因为对距离的错误估计。我们的潜意识认为近物比通常所见的要小，这是亥姆霍兹提出的解释。

---

1 顺便提一下：当被拍摄的物体位于转弯半径内时，这解释了电影胶片在火车转弯时所产生的显著立体效果。对摄影师来说，这是个众所周知的技巧。

9.20 透过有色眼镜观看

透过红色眼镜去看一张写有红字的白纸，你只会看到一片红色背景，上面没有一个字，红色的字已与红色背景融为一体了。但如果透过同样的红色眼镜去看一张写有蓝字的白纸，你看到红色背景上清晰的黑字。白纸上的蓝字怎么会变成黑色呢？道理很简单：红色玻璃只能让红色光通过，所以看起来是红色的。正是由于蓝色光无法穿过红色玻璃，纸上蓝字所在处就没有光进入眼睛，因此看起来就是黑字。

有一种称为"补色浮雕"的技法运用了立体照相的原理，这种技法完全基于染色玻璃的以上特性。将左右眼所看的两幅图像分别用蓝和红两种颜色印制在一起，这幅用双色叠加在一起的图像就是补色浮雕。用红—蓝双色眼镜去看它，所看到的是一个黑色的立体图像，好似浮雕一样。如果眼镜右边是红色玻璃，右眼所见的蓝色图像成了深浅不一的黑色。同样，左眼透过蓝色玻璃所见的红色图像也成了深浅不一的黑色。和立体镜一样，大脑再将左右眼中的两个像合在一起就形成了有立体感的景深效果，只是图像看似黑色的浮雕。

9.21　惊愕投影

　　电影院一度推出的"惊愕投影"也是基于前述的原理。将运动的物体投影在屏幕上,让观众带着左右目不同的染色镜片观看,他们会看到立体状物体在运动,这种幻觉也是由双色立体效应产生的。投影物置于屏幕和两个相邻光源之间,光源分别发出红光和绿光。于是,屏幕上就显现两个部分重叠的色影,透过染色眼镜观看时就会产生立体视觉。

　　由此形成的立体幻觉相当有趣。投影物,例如一个蜜蜂会在你头上飞舞,一个大蜘蛛正向你爬过来,观众甚至会不由自主地惊叫起来。如图 9-15 所示,这一投影术所需器材相当简单。图中左边的 G 和 R 分别表示绿色和红色的灯,P 和 Q 表示置于灯和屏之间的物体,PG、QG、PR和 QR 表示两个物体投在屏上的色影;右边的 G(绿)和 R(红)表示染色

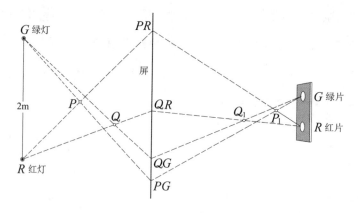

图 9-15　"惊愕投影"的原理图

玻璃，P_1和Q_1表示左右眼透过染色玻璃看到屏上物体的立体影像。当屏后的"蜘蛛"从位置Q向P移动时，观众会在屏上见到一只大蜘蛛的立体影像从Q_1爬向P_1。

通常让幕后投影物向光源方向移动，投在屏上的影像就会随之增大，观众便感到物体在向他逼近。所以，投影物和观众透过染色镜片所见立体影像的移动方向恰好相反：物体向光源运动，立体影像向观众运动。

9.22　神奇变色

去过圣彼得堡文化公园"趣味科学展厅"的观众，一定会对其中形形色色的光学实验留下深刻印象。其中，神奇变色演示尤为吸引观众眼球，展厅一角布置成一个客厅。你可以看到家具罩着深橙色布套，桌子上铺着绿色桌布，玻璃瓶盛满红色果汁，花瓶中插着艳丽的花朵，书架上排列着书籍，书脊上印刻着彩色文字。

所有这一切都是在展厅内白色灯光下显示的色彩。接着，工作人员将照明从白光切换成红光，客厅中展品的颜色瞬间发生惊人的变化：橙色布套变成了粉红色，绿色桌布变成了深紫色，红色果汁变成了浅白色，瓶中的花朵也都改变了原先的色彩，书脊上的文字也消失了。接着，照明又从红光切换成绿光，客厅摆设的色彩又全变了。

这些奇妙的变化证明了牛顿关于物体颜色的学说，其要点是：物体表面所呈现的颜色决定于在它表面漫反射光线的颜色，而不是它所吸收光线的颜色。英国著名物理学家约翰·丁达尔（John Tyndall）对此作过如下描述：

> 让一束白光射入置于暗房中的一片树叶上，叶片呈绿色。将一
> 片蓝紫色玻璃片放在叶片前，叶片从绿色变为紫色。拿去玻璃片，
> 叶片又从紫色变回绿色。此现象很奇怪……与光的吸收有关。

所以，绿色桌布在白光照射下呈现绿色是由于它能漫反射绿色光和
光谱上相邻颜色的光线，同时它将其他大部分颜色的光都吸收了。如果
将红光和蓝紫光一起照射在绿色桌布上，桌布会吸收掉大部分红光，而
仅反射蓝紫色，于是桌布就呈暗紫色。这也是上述客厅中摆设物发生神
奇变色的基本原理。

桌子上那瓶果汁怎么会在红光照射下变成白色？这是因为果汁瓶
放在了一块白色餐巾上，如果取走这块餐巾，瓶中果汁就呈红色了。只
有在白餐巾上，果汁看似浅白，其原因是白餐巾在红光下呈红色，但由于
它与桌布紫色的反差很大以及习惯，便认为餐巾仍是白色的。而在红光
照射下，瓶中果汁的颜色与下面餐巾呈现相同的颜色，于是便认为果汁
是浅白色的了。比如，透过各种染色玻璃片去看四周的物体，也会有相
同的变色效果。

9.23　书的高度

请一位朋友向你展示，他拿在手上的书本如果立在地面上会有多
高；然后，检验一下他的说法。毫无疑问他的估计是错误的：这本书的高
度实际上只有他估计的一半。而且，更好的做法，不是让他弯下腰去展

示书本如果立在地面时的高度，而是在你的协助下，让他用语言来提供他的答案。

　　你可以用任何其他熟悉的物体来做这个实验，比如一个台灯或一顶帽子。不过，它必须是你已经习惯于用眼睛水平观看的一个物体。人们会犯上述错误的原因是，当沿着纵向观看时，每个物体的尺寸都会缩短。

9.24　钟塔上的钟面

　　基于同一理由，我们总会对高悬物体的大小作出错误估计，尤其是钟塔上的钟面。尽管我们明知这些钟很大，但你所估计的钟面大小往往总比实际的小很多。图 9-16 所示是著名的伦敦塔大本钟放在地面上

图 9-16　伦敦塔楼（威斯敏斯特钟塔）的大本钟

时的情况,旁边所站的一个普通人形同侏儒。而如此巨大的钟正好匹配远处所示的钟楼孔洞,信不信由你。

9.25　黑与白

看图9-17,请回答:在下面那个黑点和上面任意一个黑点之间,最多可以放下几个这样的黑点,四个还是五个? 你的回答肯定是:放不下五个,但放进去四个没问题。

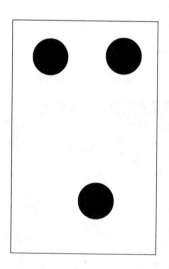

图9-17　下方的黑点和上面每个黑点之间的间隔看似比上面两个黑点外边缘间的距离大。其实它们是相等的

不管你信不信,正确的答案是只能放下三个,多一个也不行。不信,你可以试一下。同样大小的黑色和白色斑点,眼睛看起来总感觉黑的比白的小,这种错觉称为"辉映"效应。其原因是我们眼睛的不完善性。作

为一种天然的光学仪器，我们的眼睛无法达到严格的光学要求。一台聚焦好的相机镜头能在毛玻璃像屏上投射出边缘清晰的像，而我们眼睛中的折射介质无法像相机一样，在视网膜上投出一样边缘清晰的像。由于眼球的球面像差，每个明亮斑点在视网膜上所成的像都有一圈较亮的边缘，正是它把像扩大了。所以，明亮区域看起来总比相同大小的黑色区域大。

伟大的诗人歌德，可以说是一个勤于观察自然的学生，虽然并非一位十分严谨的物理学家。他在自己的理论中对此现象有如下描述：

> 一个暗物体看起来比同样大小的亮物体小。如果同时看黑色背景上的白色斑点和白色背景上同样大小的黑色斑点，后者看起来比前者小了五分之一。如果将黑色斑点相应画大些，两个斑点就看似同样大小了。新月弯曲部分的直径看似比黑暗部分大（所谓新月怀抱旧月）。穿暗色衣裙显得比穿亮色衣裙瘦些。越过某物体边缘处的光线看似在该处产生了一个凹陷。同理，蜡烛火焰顶端看似有个凹口，初升的旭日和渐沉的落日看似在地平线处产生了一个凹陷。

除了白色斑点并不总是比相同大小的黑色斑点大五分之一之外，歌德的描述完全正确。视觉中的大小比较仅取决于所看的斑点离你多远。只要将图 9 - 17 渐渐移远，幻觉效果更为明显，这是由于像那圈发亮的边缘大小是不变的，而像的大小却随斑点离眼远近而发生变化。在近处，这圈边缘将白色区域扩大约 10%；在远处，它可将白色区域扩大约 30%～50%。这也说明了图 9 - 18 中的现象，在二至三步远处看，图中的白色圆点似乎都成了六边形；在六至八步远处看，这一图案完全看似个蜂巢。

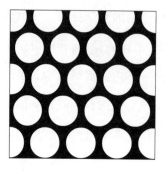 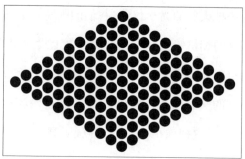

图9-18 从远处看,白色
圆点似乎都变成了六边形

图9-19 从远处看,黑色圆点似乎也变成了
六边形

事实上,认为"辉映"是形成此视觉幻像的唯一原因也并不完全正确。如果从较远处看图9-19中那些白色背景上的小黑点,你会发现它们也呈六边形。对黑点而言,"辉映"效应是使它看似变小才对。总之,对光学幻觉的种种解释往往不能让人完全满意,大部分幻觉还有待进一步探究和诠释。

9.26 哪个更黑些

通过图9-20可以认识到我们眼睛的另一个不完善之处——散光。用一只眼看,图中四个字母看起来并不一样黑。记住最黑的那个,然后再将图转过来,从侧面看,最黑的字母突然变成了另一个。

这四个字母实际上一样黑,只是上面的白色划线不朝一个方向。假如我们的眼睛完全像完美和昂贵的照相机镜头一样,就不会产生上面的

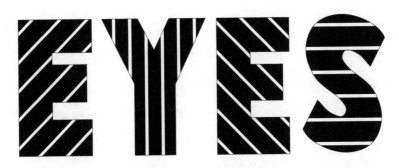

图 9-20　用一只眼看，其中的一个字母要比其他的黑

错觉。正因为我们的眼睛对不同方向入射光线的折射并不一致，所以就不能很清楚地辨别竖直线、水平线和倾斜线。

绝少的眼睛完全无此缺陷。有些人的眼睛散光相当严重，以致影响了视力的敏锐度，所以他们必须佩戴专门的眼镜来校正。我们的眼睛还有其他一些不完善之处，而眼镜师知道怎样加以矫正，物理学家亥姆霍兹对此发表过如下感言：

> 如有哪位眼镜师向我出售有如此缺陷的光学仪器，我肯定会斥责他，并断然退货。

除了这些由于眼睛自身缺陷所产生的错觉外，还有些其他原因让我们的眼睛被蒙骗。

9.27　复活的肖像

你很可能不止一次看到过这样的肖像画：画中那个人不仅直直地盯着你看，而且你走到哪里，他的眼睛似乎也会盯到哪里。这种情况早就引起人们的注意,它使许多人产生困惑,有些人甚至紧张不安。伟大的俄国作家尼古拉·果戈理(Nikolai Gogol)在他的小说《肖像》(*Portrait*)中有过如下一段精彩描写:

> 眼睛直勾勾地盯着他,似乎不想看其他任何东西。画像的目光掠过其他一切,直直地凝视着他,像要穿进他的身体。

许多迷信和传说与这神奇的凝视有关,实际上这仅是个光学幻觉而已。巧妙之处是瞳孔画在肖像眼睛的正中央。你看肖像的眼睛,如同看任何直视着你的人的眼睛一样,当他将视线从你身上移开时,他的瞳孔和全部虹膜就不在眼睛正中,而是移到一旁。但在画中,肖像的瞳孔总是位于眼睛的中央。加上开始时,你总是在同一位置看着肖像的脸。所以,不管你走到哪边,只要回头一看,就自然地感到肖像里的人似乎将头转向你,视线也跟了过来,直直地盯着你看。

同样理由,这种类型的另一些画也让人产生怪异感。例如,一匹马直直地冲过来,不论你向哪边躲。又如,一个人用手一直指着你。诸如此类,不一而足。图9-21就是这样一幅肖像画,它们常被用于广告和宣传。

图9-21 神奇的肖像画

9.28　更多的光学错觉

图 9-22 中的一些大头针看起来很一般。其实不然,将书举到与你视线相平,遮住一只眼,另一眼的视线顺着针身的方向看去(将书页向前倾,让视线沿页面方向斜着看),眼睛应位于这些大头针延长线的交汇点上。这样,你会看到这些大头针似乎直直地插在纸上一样。当你将头移向一侧时,这些针也会摆向同一侧。

图 9-22　挡住一只眼,只用另一眼从图中大头针尖交汇点,顺着针看去。这些大头针似乎直直地插在纸面上。慢慢地将书向两边移动,这些大头针似乎也随着摆动起来

产生这一立体视觉效应的原理是透视。该图是按从某点所见插在纸上的大头针画出来的。我们眼睛所形成的光学错觉并不能都归于视力缺陷所致。这种具有透视感的视觉效应有其优点,但常被忽视。没有它,就没有绘画,也找不到欣赏艺术作品时的真切感和乐趣。而艺术家

们正是广泛地利用了我们的光学错觉。

　　"整个绘画艺术都是建立在这种光的错觉之上,"18 世纪杰出的瑞士学者欧拉(Euler),在他著名的《各种物理课题的札记》(*Letters on Various Physical Subjects*)一书中写道。"当我们一味地追寻事物原本该是什么样子时,绘画艺术将不复存在,我们也成了双眼瞎。假如画家像我们一样,处处留意这儿是红的,那儿是蓝的,这里是黑的,那里有一抹白色,那么他的调色肯定是徒劳的。这样的画作只是在一个平面上的色彩杂绘,看不到物体间的距离差异,没有一件物体能被正确描绘。看画就似看在纸上写字一般平淡,从艺术作品中汲取视觉享受的乐趣完全被剥夺。"

　　还有许许多多的光学错觉,有一些很平常,也有一些不太为人所知。以下就介绍一些比较稀奇的光学错觉。图 9-23 和图 9-24 都是在方格背景上的线条,所产生的错觉特别明显。你很难相信图 9-23 中的字母笔画是直的,更难相信图 9-24 中的曲线并不是个螺旋线。唯一的办法是用笔尖沿着曲线描一下,于是就会证明曲线是一个个圆。只要用圆规就能证明图 9-25 中的线段 AC 与 AB 等长,而不是像看起来那样比 AB 短。图 9-26、图 9-27、图 9-28 和图 9-29 的光学错觉分别在图下加以说明。以下有趣的轶事充分说明了图 9-28 所产生的光学错觉是多么有效。出版社编辑在审阅本书上一版的校样时,他认为图 9-28 的图版有疵点并将它退回印刷厂。他要求印刷厂刮掉图中纵横线交叉处的灰点,幸好我及时发现,才避免了一场误会。

图 9-23　字母的笔画是直的

图 9-24　曲线看似一个螺旋线,其实是一个个圆圈。
你可用笔顺着曲线描来证实

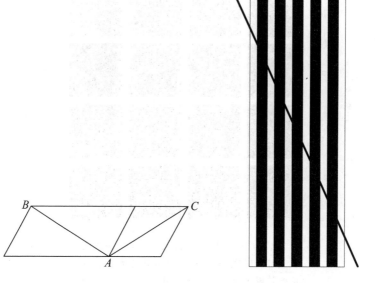

图 9-25　线段 AB 与线段 AC 等长,
尽管看起来它比 AC 长

图 9-26　倾斜的细线看似
断成了许多截

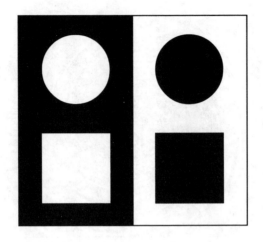

图 9-27　白色和黑色的正方形是全等的,白色和黑色的圆斑点也一样

图 9-28　在纵横白线条交叉处,一些淡灰色小点时隐时现,而白线条确实是笔直的。你可用纸将图中黑色方块遮住来证实,这是黑白反差导致的错觉

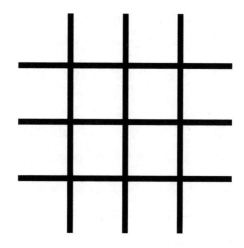

图 9-29　在黑色线条交叉处，一些淡灰色小块似隐似现

9.29　近视

近视的人不戴眼镜时视力很差。但近视的人所见之物究竟是怎样的，视力正常的人对此确实并不清楚。由于近视的人不在少数，了解近视眼是怎样看周围世界的还是非常有趣的。

首先，近视的人所见许多物体都是模糊的。抬头看一棵树，对正常视力的人，枝叶分明地映衬在蓝天之下。而对于近视的人，只是一团蒙眬的绿，看不清细节。如果看一张脸庞，近视的人难以发现眼角的鱼尾纹和其他细小的瑕疵，脸上因过度曝晒或化妆产生的粗糙皮肤会被看成红光满面，气色很好。他们会感到别人看来更年轻漂亮些，以致常将年龄搞错。与视力正常的人相比,近视的人对美的诠释可能有些不同。近视的人往往会直瞪瞪地看着对方,想办认出面前是谁,而这很容易引起对方的误解,认为他很不礼貌。其实这还真怪不得他,高度近视才是罪魁祸首。

19世纪的俄国诗人德尔维(Delvig)是个高度近视之人,他对此有段描述:"上学时,我被禁止佩戴眼镜。于是,我的女熟人看起来都成了一群尤物,这可把我惊呆了。"当你与高度近视的人交谈时,他看不清你的脸或其他东西,难怪过了一小时后再遇到你时,他还是认不出你来。许多近视眼患者往往更多依靠声音,而不是面容来辨别人。视力上的缺陷只能靠敏锐的听力来弥补。

近视的人在晚上看东西是什么样的呢? 一切光亮的物体,路灯、被照亮的窗户等,在他看来都被放大了,周边是一些混乱无形的光斑以及轮廓不清的东西。街道上那一长串街灯,在他看来是几个硕大的光斑,它们把街道上的其他一切都抹去了。他无法辨认迎面驶近的汽车,在他看来只是一片黑漆漆背景上的两个光环。在他眼中,星空也很不一样。他只能看到三等或四等恒星,至多可以看见几百颗星星,而不是几千颗。而且星星看似像灯泡般一团亮光。月亮看似又大又近,而一弯新月在他眼中似乎成了蒙眬的幻影。

近视源于眼睛构造上的缺陷。近视患者的眼球一般都比较深,即从晶状体前部到视网膜的距离比较大。于是,远处物体射来的光线经晶状体折射后所成的像位于视网膜之前。而视网膜上所接收到的是发散的光线,而不是光线的会聚点,所以视网膜上的像就变模糊了,很不清晰。

🔲 物理小词典

视角

它是指观察物体时视线与物体垂直方向所成的角度,即从物体上、下或左、右两端引出的光线在人眼处所成的夹角。物体越小,离眼越远,视角越小;反之,则越大。正常眼能区分物体上两个点的最小视角约为 1 分。

相机镜头的视角是指从镜头中心到成像平面对角线两端的夹角。相同成像面积,镜头焦距越短,视角越大,拍摄范围越广;镜头焦距越长,视角越小,拍摄范围越窄。

凸透镜成像规律

设凸透镜的焦距为 f,物距为 u,像距为 v。

1. $u \gg f, v = f$,在焦点或焦平面附近的光点或实像;

2. $u > 2f, f < v < 2f$,在另一侧成倒立、缩小的实像;

3. $2f > u > f, v > 2f$,在另一侧成倒立、放大的实像;

4. $u < f$,在同侧成正立、放大的虚像。

凸透镜成像应用:照相机、眼睛

照相机和眼睛的成像原理符合上述规律 2 和 1。大部分照相机镜头的焦距是固定的,它们都通过调节像距,使感光元件或底片上成清晰的像,这一过程称为调焦(或对焦)。少数照相机(称为傻瓜相机)无需对焦,这是因为它们镜头的焦距很短,物体不论远近,像距都近似等于焦距,像都成在焦平面上(成像规律 1)。有些相机的镜头焦距可变(通过改变镜头组中镜片间距离)使画面变远或变近(改变视角大小),这一过程称为变焦。

　　人眼中的晶状体相当于凸透镜,视网膜相当于光屏。从晶状体到视网膜的距离称为像距,是固定的。人眼通过改变晶状体的曲率来改变折射能力(即改变其焦距),使远、近物体的像都能在视网膜上清晰成像(成像规律2)。人眼在看远物时,晶状体变薄(曲率变小),眼睛处于放松状态;人眼看近物时,晶状体变厚(曲率变大),对光线折射能力增强,眼睛处于紧张状态。

投影仪　幻灯机　电影放映机

　　它们的工作原理都是成像规律3,使底片上的画面投射到屏幕上并放大。

放大镜　光学显微镜

　　放大镜的工作原理是成像规律4,物置于凸透镜焦距内,在物后面离眼明视距离处成一正立放大的虚像。

　　光学显微镜的物镜工作原理是成像规律3,使标本成一倒立、放大的实像。显微镜目镜相当于放大镜(成像规律4),该实像通过它再次成放大的虚像。

折射望远镜(开普勒望远镜)

　　物镜和目镜均为凸透镜。物镜的工作原理是成像规律1,远物射来的光线在焦平面附近成一倒立实像。目镜相当于放大镜(成像规律4),该实像通过它成放大的虚像。对物而言,此像是倒立的,所以要通过双直角棱镜正像。一般专业级双筒望远镜、小型天文望远镜均采用此结构。

透视

它是在平面上描绘物体空间关系的方法和技术,从而在平面上再现景物的空间感、立体感。最初,最基本的透视法是通过一块透明的平面(例如玻璃)去看景物,并将所见景物准确地描画在这块平面上,成为该景物的透视图。具体的方法是:在作画者和景物间置一假想玻璃,用一只眼看并固定眼的位置,眼至景物上不同点的视线相交于假想玻璃,连接这些点便在这平面上勾画出了三维景物的透视图。

景深

拍照时,在聚焦完成后,物体在该物距前后的一定范围内都能在光屏上形成较清晰、可辨认的像,物距这一前一后的变化范围称为景深。影响景深的三要素是镜头焦距、镜头光圈和物距。镜头焦距短,景深大;反之景深小。物距大,景深大;反之景深小。光圈小,景深大;反之景深小。

立体视觉

它是一种高级的视生理功能,通过双眼感知的视觉信息传至大脑中枢,经整合形成对所观察事物立体形态、空间感的反映。这一视功能分为三级,依次为"同时知觉"(双眼同时视物)、"融合"(将两个有细微差异的像合成一个像)、"立体视"(对差异进行处理,形成物体的深度感和空间感)。

立体镜

左右眼通过两个透镜分别同时观察两张平面图片,它们是对同一物体左右眼各自所见的画面。为了使每只眼只能看见各自的图片,中央设有一挡板将两眼视线分开。

光的三基色(三原色)

白光通过棱镜被分解成多种颜色逐渐过渡的可见光谱。人眼的锥细胞对红、绿、蓝三种波长光线所能感受的带宽最大,故光的三基色为红(R)、绿(G)、蓝(B)。RGB也称为光学三基色。其中任一基色光都不能由另两种基色的光合成产生。三基色光按一定比例混合可产生任何一种色光,反之任何一种色光可被分解为三基色光。由三基色光混合而得的色光亮度等于三基色光亮度之和。

色光的合成

光线越加越亮,三基色光两两混合得到更亮的中间色光。色光合成遵循加法原则,例如:红光＋绿光＝黄光,绿光＋蓝光＝青光,蓝光＋红光＝紫光,红光＋绿光＋蓝光＝白光。最典型的三基色光合成的应用是彩色显示屏和LED节能灯。

物体的颜色

不自行发光物体对不同色光会选择性地吸收。当白光照射在该物质上,若它吸收所有的色光便呈黑色,若反射所有的色光便呈白色,若透过所有的色光便为无色透明。例如,黄花在日光(白光)照射下,吸收了大部蓝光,主要反射红光和绿光,它们便合成了黄色光。有色透明物体(例如玻璃、溶液)在白光照射下的颜色是由透射过它的色光确定的,例如红色玻璃吸收了除红色外的其余色光,只有红色光能透射,故呈红色。

颜料的三基色(三原色)　颜料的合成

颜料利用吸收色光的方式产生颜色,故颜料色彩的合成遵循减法原则。颜料的三原色指能主要吸收三种基色光的颜料色彩。在白光照射下,能主要吸收红光,反射绿光和蓝光的颜料是青色(C);能主要吸收蓝光,反射红光和绿光的颜料是黄色(Y);能主要吸收绿光,反射红光和蓝光的颜料是品红(M)。将这三种颜料混合,能将白光中的三基色光大部分吸收掉,从而产生黑色。因而将青、品红、黄称为颜料的三原色(CMY)。假如将黄色颜料(Y)和青色颜料(C)混合,前者主要吸收掉蓝光,后者主要吸收掉红光,于是在白光照射下基本上只有绿光反射出来,所以这两种颜料混合后形成绿色。

屈光不正

屈光是眼对光线的折射。屈光不正指平行光线通过裸眼(不采用任何矫正,如眼镜)的角膜和晶状体等的折射,不能在视网膜上成清晰的像,而在视网膜的前、后成像。屈光不正包括近视、远视和散光。

近视　远视　散光

近视:眼在调节放松时,入射的平行光线聚焦在视网膜前,即像成在视网膜前。近视分以下两种情况:轴性近视和屈光性近视。前者指由于眼球前后轴过长所导致的近视。后者指由于晶状体曲率过大所导致屈光力太强而产生的近视。

远视:眼在调节放松时,入射平行光线聚焦在视网膜后,即像成在视网膜后。远视分轴性远视和屈光性远视。前者指眼的前后轴偏短,而导致远视。后者指由于晶状体曲率太小所导致屈光力差而产生的远视。

散光:由于角膜、晶状体等眼的屈光体(使光线折射的部分)表面弯曲度不一致等原因,使入射的平行光线不能聚焦于一点,故无法形成清晰的像。散光分为可用圆柱镜片矫正的规则散光和无法用镜片矫正的不规则散光。

调视

它是指为了看清位于给定距离处的物体,眼改变晶状体的曲率,使视网膜上清晰成像的过程。这一过程相当于变焦。

第十章　声音和听觉

10.1　追寻回声

马克·吐温曾讲过关于一个倒霉蛋的有趣故事,主人公有一个你怎么也想不到的嗜好——收集回声。这一怪癖驱使他不遗余力地去收购那些能产生多重回声或其他出奇自然回声的土地。

"他的第一笔交易是在乔冶亚州一个产生 4 次回声的地方。接着是马里兰州产生 6 次回声之处,缅因州产生 13 次回声之处,堪萨斯州产生 9 次回声之处。再接着是田纳西州产生 12 次回声的回音壁,这次他捡了个'便宜',因为年久失修,产生回音的石壁倒掉了。他想花几千元来加高石壁以此增加回声次数。但接手的建筑商没有建过回音壁,最终修复以完全失败告终。往日的回音壁曾如爱顶嘴的老妇,而今却成了又聋又哑的废人。"

不过,确实存在一些能产生多重回声效果的地方,它们主要是在山区,其中几处还久负盛名。以下便是几个比较著名的回音地。英格兰的伍德斯托克堡能产生 17 个音节的清晰回声。哈尔施塔特附近有一个德伦堡废墟,在它一堵墙前的爆响能产生 27 个音节的回响。在捷克斯洛伐克的阿德斯巴赫附近有个石柱阵,如在里面某处发声,能产生 7 个音节的回响;但若从该处移开几步,哪怕开一枪也没有任何回声。在意大利米兰附近的一个城堡能产生极佳的回声效果,在建筑物一翼的窗户里开一枪能产生 40~50 次回声,高声喊一下能听到约 30 次回声,可惜现在它已经被拆除了。

哪怕只产生一次回声的地方也并不好找。在这方面,俄国确有其得天独厚的优势。由森林环绕的开阔空地和林间平地为产生回声提供了良好条件。在那儿高喊一声,便能听到从森林之墙反射回的或多或少的清晰回声。回声在山区比在平原变化更多,但较难产生和接收到。这是因为回声其实是从障碍物反射回来的一系列声波,和光波一样,它们同样遵循反射定律:反射角等于入射角。

试想你如图 10-1 那样,站在高坡下面的 C 处,反射声音的壁障高

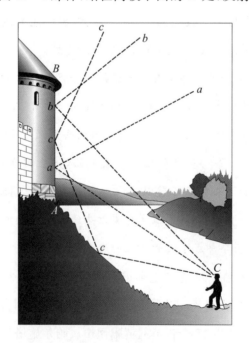

图 10-1 听不到回声

耸在上。你发出的声波沿着 Ca、Cb 和 Cc 传播到壁障上，然后沿着 aa、bb 和 cc 被反射回空气中，显然并没有到达你的耳，所以听不到回声。但是，如果你站在图 10-2 中的 C 处，壁障 B 与你处于同一水平位置甚至略低，你就能听到回声。你发出的声波沿 Ca、Cb 向下传播，遇到障碍物后经数次反射沿折线 $CaaC$、$CbbbC$ 传回耳处。声波在洼地反射 1～2 次，低洼的地表起了类似凹面镜的会聚作用，使回声依然很清晰。假如 C 和 B 之间的地表是突起的，回声就很弱，甚至听不到。这是因为鼓起的地表起了类似凸面镜的发散作用，使声波向四周散开。

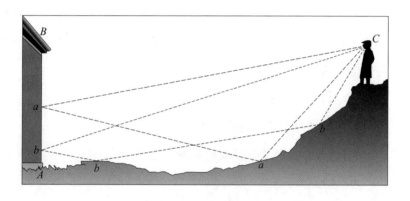

图 10-2　听到清晰的回声

在实践中，你会摸索出一些如何在不平整地形中捕捉回声的诀窍。然而，你仍需了解一下如何产生回声的要领。首先，发声处不能离障碍物太近。声波必须传播足够远的距离，否则回声抵达太早，与发出的声音混在一起。由于声音在空气中的传播速度是 340 米/秒，如在离反射障碍物 85 米处发声，只要约半秒回声就会抵达。其次，所有的声音都能产生回声，但并不是所有的回声都会很清晰。森林中野兽的吼叫，响亮的号角声，隆隆的雷声，或女孩的歌声，它们的回声效果都不同。发声越突然短促，越响亮，回声就越清晰。因此，击掌发出的声音就十分合适。人的喊叫声就欠佳，尤其是男士的声音，而妇女和儿童的高音调声音更适合产生清晰的回声。

10.2　声音作尺

知道了声音在空气中的传播速度，便可测量不可抵达的物体有多远。儒勒·凡尔纳在小说《地心游记》（*A Journey to the Center of the Earth*）中就描述过这一情况，在地下探险过程中，两位旅行家一位教授和他的侄子走散了。他们呼喊着对方，以下是当他们终于能相互听到对方声音时的对话：

"叔叔，"我（侄子）喊道。

"呀，我的孩子。"他的声音传来。

"现在最要紧的是知道我们相距多远。"

"这不难。"

"你有计时器吗？"我问道。

"当然有！"

"好，拿出来。叫我名字，准确记下那一时刻。我一听到你的声音就立刻应答，你再记下听到我应答声的准确时刻。"

"好吧，这就是声音一去一来的时间……"

"你准备好了吗？"

"好了，我要叫你名字了。"教授说道。

我把耳朵靠近岩壁，我一听到"亨利"，就立即将嘴对着岩壁重复我的名字"亨利"。

"40秒，"叔父说，"声音来回花了40秒，所以单程用了20秒。

假如声音每秒传播 1 020 英尺[1] 的话，我们应该相距 20 400 英尺，还不到 4 英里。"

现在试着解答以下问题：在看到远处火车头冒出一股白色蒸汽 1.5 秒后，听到了火车头发出的汽笛声，那么火车头离你有多远呢？

10.3　声镜

茂密的森林，高大的围墙，建筑物，高山，任何能反射声波的屏障，其实就是一面声镜。它反射声音与镜子反射光的原理完全一样。

声镜不但有平面的，也有曲面的。犹如凹面镜能会聚光一样，凹面声镜也能会聚一系列声波。用两个汤盘和一个怀表，你可以做以下颇具启发性的实验。把一个盘子放在桌子上，在距盘底几厘米处手持怀表，如图 10 - 3 所示，将另一个盘子靠近耳边。如果找准怀表、盘子和耳朵间的位置，反复

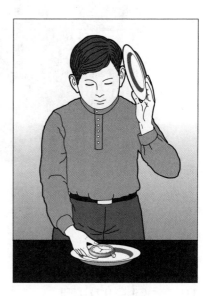

图 10 - 3　凹面声镜的实验

尝试几次，你就会清楚地听到怀表的滴答声，就像从耳边的盘子处发出

1　1 英尺≈0.304 8 米，1 英里≈1 609.34 米。——译者注

来的。如果闭上眼睛,这种错觉会更明显,此时仅凭听觉已无法判断怀表究竟在哪只手中。

　　欧洲中世纪城堡的建造者经常运用这种声错觉把戏。他们把半身雕像放在反射声音的凹面镜焦点处,或放置在隐藏在墙后长传声筒的末端。图10-4是16世纪一本书的插图,其中显示了这些设计。拱形的屋顶能反射传声筒传来的任何声响,把它们传到半身像的嘴边。另一个砖砌的巨大传声筒把庭院中的声响传到置于大厅中的半身雕像处,如此等等,不一而足。这样就会听到半身雕像在低声耳语或吟唱。

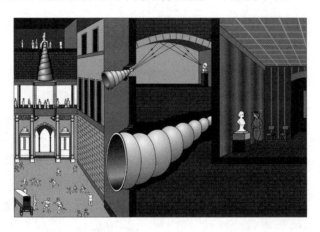

图10-4　低吟的半身雕像(16世纪书中的插图)

10.4　剧院的声响

　　经常光顾剧院和音乐厅的观众都知道,有的大厅音响效果很好,而有的却较差。在有些剧场中,演员的对白和乐器的声音能清晰地传播相当远的距离。而在有些剧场中,即便坐得离舞台很近,也听不清舞台上的声音。不久前,某个剧院的上佳音响效果还被简单地视为碰运气的事。当下,建筑师已经找到了消抑剧场内声音混响的办法。对有关建筑声学的专门知识在此不必进一步展开,其中防止声学缺陷的主要手段是墙面采用能吸收多余声音的材料。一个打开的窗户能最大限度地吸收声波,这如同照相机的光圈吸收光一样。顺便提一下,假如以一平方米的开放窗户对声的吸收作为估算吸声能力的标准单位,剧场里的观众本身也是良好的吸音物,每个人的吸音能力相当于半平方米的开放窗户。一位物理学家讲过:"从字面意义上看,观众确实吸收了台上演员的话语。"一个空荡荡的剧场会令台上的演员很沮丧,这一点也不假。

然而,如果声音被吸收得太多也会很糟。首先,这会使声音变弱,导致产生声音的盲区。其次,这会过度消抑混响效果,使声音听起来显得干巴巴,很生硬,毫无质感。所以,混响时间必须恰到好处,不能过长,也不能过短。这一最佳值不可能对所有的剧场都一样,需要由建筑师在设计时进行定量计算。从物理学角度来看,剧场中还有一处相当有趣。这就是舞台上的提词盒,给忘记台词的演员及时帮助。舞台上的提词盒一般大同小异,都装在舞台中央的地上,对着舞台的一面开口,对着观众的一面是个不起眼的弓起弧顶。这样可以防止提词员的声音传到观众席上,同时弓起弧顶起到凹面声镜的作用,将提词员的声音集中反射到舞台上的演员处。

10.5　海底回声

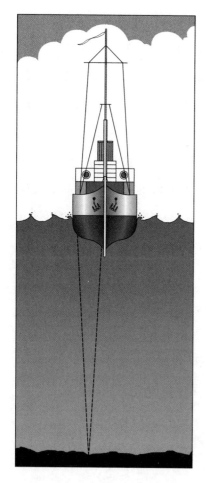

图 10-5　利用回声测定海底深度

在被用于探测海底深度之前，回声几乎没有什么用处。这是一个由海难事故导致的意外发明。1912 年，远洋巨轮"泰坦尼克号"与冰山相撞，客轮和几乎所有乘客都遭受到灭顶之灾。在浓雾和黑夜中，领航员曾一度想用回声来探测航道上的障碍物。尽管这一想法没有成功，但却诞生了利用回声探测洋底深度的好方法。

图 10-5 显示了这是如何做到的。在船底龙骨附近处点燃雷管，爆炸产生的尖锐声响穿透海水直达海底，然后回声从海底反射回来。在船底安装一个灵敏的声接收装置来捕捉回声，同时精确的计时器能准确记录从发出声音到接收到回声的时间间隔。知道了声音在水中的传播速度，便能很容易地算出到反射声波的海底距离，即洋深。

　　回声探测仪给声技术带来了革命性的突破。原先的铅锤测深法首先得让船停下来，是一项单调且费时的作业。悬挂铅锤的缆绳每分钟放下 150 米，将绳绞回来一样费时。假如用此法测 3 千米的深度约需 45 分钟，而用回声探测仪仅需数秒即可获得结果。除了不用停船测量外，回声探测的精度也是无可比拟的，误差一般不会超过 0.25 米。

　　回声探测除了对海洋学中测量大洋的深度很重要，它也在近海处提供了快速、可靠和精确的技术来测定浅海深度，而这对于近岸处船只领航尤为必要。

　　现代回声探测已采用高强度的超声波技术，人耳无法听到这种每秒钟振荡几百万次的声波。超声波是由置于高速交变电场中的石英振荡产生的。

10.6　蜜蜂的嗡嗡声

　　为什么蜜蜂飞行时会发出嗡嗡声呢？大部分昆虫都没有专门的发声器官，只有飞行时才能听到嗡嗡声，它是由昆虫每秒达数百次高速扇动翅膀产生的。昆虫的翅膀相当于一个高速振动的薄片，每秒超过 16 次的频率就能产生一定音调的声响。

　　声音的音调是由发声体的振动频率决定的。科学家只要测定昆虫飞行时发出嗡嗡声的音调，便可知道它们翅膀的振动频率了。借助高速摄影技术，能拍摄到昆虫扇动翅膀的慢动作（见第一章），由此发现每种昆虫飞行时的翅膀振动频率是基本确定的。昆虫只通过改变翅膀的倾角和振动幅度来调节飞行状态。只有在寒冷的季节,昆虫才会加快翅膀的振动频率,这就是为什么某种昆虫飞行时发出的嗡嗡声音调是确定的。例如,家蝇飞行时的嗡嗡声是 F 大调,即翅膀每秒扇动 352 次;黄蜂每秒扇翅 220 次,还没采到花蜜的蜜蜂每秒扇翅 440 次(A 大调),而采到蜜的蜜蜂每秒扇翅 330 次(B 大调)。甲虫飞行时翅膀的振动频率低得多,所以发出的嗡嗡声较低沉;而蚊子飞行时,翅膀振动高达每秒 500～600 次,它发出的嗡嗡声音调很高,听起来比较刺耳。作为比较,直升机的螺旋桨每秒仅转 25 圈。

10.7　听错觉

出于某种原因,如果认为所听到的微弱声音是从很远处传来的,似乎会感到这声音很响。我们时常会产生这种听错觉,只是很少在意罢了。美国心理学家威廉·詹姆斯(William James)在他的心理学专著中对此作过精彩描述。

一天深夜,我正坐着看书,一阵吓人的声响从屋子上方传来,在整个房间中弥漫。声音一下停止了,过了一会又出现了。我走到客厅,听不到什么声音,于是又坐回去看书。刚拿起书,声音又来了。低沉强劲的声响犹如洪水和飓风来临,从四面八方传来,令人惊恐。我再次走进客厅,一切又恢复平静。当我又回到房间时,突然发现这是一条苏格兰狗躺在地板上睡觉时发出的鼾声。有趣的是,一旦发现声音的真正来源后,怎么努力也不能再现刚才听到的声音了。

你身边发生过这种事情吗？我可遇到过不止一次。

10.8　蝈蝈儿的叫声来自何方

在判断声源位置时，我们时常判断错它的方位而不是它的距离。我们的耳朵可以正确分辨枪声是从左边，还是从右边传来（见图 10-6），但却难以断定枪声是从前方，还是从后方传来（见图 10-7）。在这种情况下，我们往往只能根据声音的响度来辨别声源的远近。

图 10-6　枪声从何处传来？左边还是右边

不妨做一个很有意思的实验。让一个人坐在房间正中，蒙上他的双眼，让他安静地坐着，不要转动头部。你手拿两枚硬币站到他正前方的

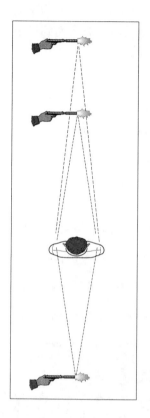

图 10-7 枪声从何处传来？前面还是后面

正中间（双耳之间等分平面）。敲响两枚硬币，让他说出声音是从哪儿发出的。让人吃惊的是：除了你的站立处，他会将手指向房间中的其他任何地方。如果你离开原先的正中间位置再次发声，他的判断要正确许多，这是因为他那只离你近的耳朵接收到的声音会略早、略响。

　　这个实验同时也说明了，为什么根据蝈蝈儿的叫声要在草丛中抓到它并非易事。听到蝈蝈儿叫声是从你右边传来，只有约两步远。你转过头去，什么也没有看见，这时蝈蝈声好像又从左边传来，你又转过头去，但声音好像又从另一处传来。这样随着你的头不断转动，机灵的蝈蝈好像不断跳来跳去，变换地点。你头转得越快，它跳得也越快。而事实上，这个"音乐家"趴在草丛里没动过一寸，你只是想象它在跳来跳去而已，此时你已落入听错觉的陷阱之中。

　　而你所犯的错误就是一开始就把头转向蝈蝈叫声传来的方向。这样,声源正好位于你两耳间的正前方,也就是最易发生错误定位的位置。因此,要较正确判断声源的方位,不应该将头转向声音传来的方向。正确的方式是将头向另一边转过去,使一只耳朵对着声音传来的方向,这也就是所谓"侧耳倾听"的道理。

10.9　耳朵玩的把戏

　　我们在咀嚼硬面包干时会听到很响的噪声,但坐在我们边上的人也在嚼硬面包干,为什么就听太不到他发出的响声呢?

　　这是由于咀嚼声只有自己能听到,而旁人却很难听到。我们头部的骨骼是由坚硬且有弹性的骨头组成,它们是声音的良导体。传声介质的密度越大,声音传播时损耗越小,接收到的声响就越大。邻座的咀嚼声是通过空气传来的,所以响度很小。若咀嚼声通过骨头转至内耳的听神经,那就是隆隆的声响。

　　再做一个小实验:用牙齿咬住怀表的小吊环,并用手把双耳捂紧。你会听到一下下重重的敲击声。这是怀表的滴答声通过头骨放大传入内耳的结果。

　　据说,贝多芬(Beethoven)在耳聋后就采用固体传声的方法来听音乐。他把手杖一端放在钢琴上,另一端咬在齿间来听琴声。同样,内耳没有损伤的聋人也可以随音乐的节奏起舞,这是由于乐声通过地板和骨骼传至他们内耳的听神经。

　　腹语表演所产生的声错觉也完全基于听众对发声体的位置和距离都无法准确判定。通常我们对此也只能作出大致的判断。一旦我们处于某种异常的声响环境中时，对声音的来源往往就会误判。在听腹语表演时，我也很难从声错觉中脱逃，尽管我清楚地知道这是怎么回事。

物理小词典

声源

在弹性介质中振动并发出声波的物体叫做声源。

传声介质　声速

　　传声介质是指能够传播声音的介质，如气体、液体和固体。介质的状态、密度、温度等与声波的传播速度密切有关。声波在气体和液体介质中以纵波方式传播，在固体介质中可能还混有横波。声速在固体中最快（软木除外），液体中次之，气体中最慢。在15℃的空气中声速为340米/秒。

声音的三特征

　　响度：声音的强弱。决定于所接收到声波的振幅，与距声源远近有关。

　　音调：声音的高低。由声源的振动频率决定，频率大，音调高，反之音调低。单位是赫兹，符号是Hz。

　　音色：不同声源发出的声音，即使响度、音调相同仍然能区分它们。这一反映声音特征的因素称为音色，它由发声体的材料、结构和形状决定。

超声波　次声波

超声波：频率高于 20 000 赫兹的声波。它超过人耳能听到声音频率的上限。它的方向性好,反射能力强,声能集中。广泛应用于测距、测速、探测成像、清洗等方面。

次声波：频率低于 20 赫兹的声波。它低于人耳能听到声音频率的下限。自然界和人类活动中广泛存在次声波,如火山爆发、地震、海啸、龙卷风等自然灾害,爆破、核爆炸乃至鼓风机等都能产生次声波。大气对次声吸收很少,故传播距离极远,而且穿透力极强,会引起严重伤害。在预警自然灾害、军事、大气层研究许多方面有广泛应用。

声音的反射　回声

声音在两种介质交界面处发生反射。声音的反射也遵循与光反射相同的规律。反射的声音称为回声。人耳要分辨出原声(由声源直接发出的声音)和回声,听到原声和回声的时间间隔必须超过 0.1 秒。

共鸣

物体因共振而发声的现象。我们周围有各种频率的声响,它们会引起不同容器中空气的共鸣发声,使声音加强。许多乐器都利用了空气柱和腔共鸣发声的原理。

交混回响

建筑声学专门研究封闭空间,如大厅、剧场中声质的改善。交混回响时间是衡量室内音质的重要标准。声音发出后在室内要经过很多次反射才逐渐衰减,这一余音缭绕的现象称为交混回响。声音发出后在室内声强减弱至原来百万分之一的时间称为交混回响时间。如果室内声吸收太差，交混回响时间太长，于是声音嗡嗡不清，产生浑浊感。如果室内声吸收太强，交混回响时间过短，声音显得干涩单薄，如同旷野里一样，这对音乐声尤为不利。只有恰如其分的交混回响时间，才能使声音既响亮清晰又悦耳动听。

腹语

通常，说话、唱歌都要利用口腔空气共鸣发声。腹语指经过专门训练，只用声带发声，尽量减弱口腔共鸣的发声技巧。腹语者在体内腹腔运气，让气流冲击声带发出假声。腹语者张口很小，且不见明显嘴动。

99 个问题

1. 蜗牛爬行比你慢多少?

2. 现代飞机有多快?

3. 你能赶上太阳吗?

4. 如何拍摄慢动作影片?

5. 何时我们绕太阳运动得更快?

6. 运动中的自行车车轮上辐条看起来模糊,而下辐条清晰,这是为什么?

7. 在前行的火车上,哪一点是向后运动的?

8. 什么是光像差?

9. 为什么从椅上站起来时,身体要前倾或者脚要后移至椅子下面?

10. 为什么老水手走起路来有些蹒跚?

11. 奔跑与走路之间有什么差异?

12. 如何从一辆前行的汽车上跳下来?

13. 敏豪生,这位说大话的男爵曾说他用双手捉住了一颗飞行的炮弹。他可能做到吗?

14. 你开车时喜欢车外的人向你扔礼物吗?

15. 物体自由下落时,与在静止时相比,是变轻了还是变重了?

16. 所有物体都会落回地球吗？

17. 儒勒·凡尔纳所描绘的奔月火箭舱中的生活是否正确？

18. 使用刻度有偏差的秤和正确的砝码，能否正确称重？使用刻度正确的秤和有偏差的砝码，能否正确称重？

19. 人手臂的骨骼是省力杠杆吗？

20. 为什么滑雪者不会陷入松软的雪中？

21. 为什么躺在吊床上很舒服？

22. 在第一次世界大战中，巴黎是如何受到炮轰的？

23. 风筝为什么会飞上天？

24. 石头在下落过程中是否一直在加速？

25. 跳伞员延迟开伞能达到的最大速度是多少？

26. 为什么回旋镖会飞回来？

27. 不敲开蛋壳，如何判别生蛋和熟蛋？

28. 同一物体在何处较重，赤道还是两极？

29. 在转动轮子的轮缘发芽的种子，茎朝什么方向生长？

30. 什么叫永动机？

31. 曾经制造出一个永动机吗？

32. 一个浸没在液体中的物体，它哪部分所受的压强最大，顶部、侧面，还是底部？

33. 在平衡天平的一盘中有一个盛水罐，如将用细线悬挂的砝码浸入罐内水中时，会出现什么情况？

34. 液体失重时呈什么形状？可否用实验来证明？

35. 为什么雨滴是球形的？

36. 煤油真会从玻璃或金属容器中渗出来吗？为什么人们这么认为？

37. 你能让钢针浮在水面上吗？

38. 什么是浮选法？

39. 为什么肥皂能清洗污垢？

40. 为什么肥皂泡会飘上去？在冷的还是温暖的屋内，它会上升更快？

41. 人的头发粗细和肥皂泡膜相比，哪个更小？大的是小的多少倍？

42. 将一片点燃的纸放进玻璃杯中，取走纸后迅速将杯子倒扣在盛水盘中，水为什么会进入杯子中？

43. 用吸管喝饮料时，为什么吸管中的液体会上升？

44. 放在天平盘中的一根棍子与另一盘中砝码平衡，如果将它们整体置于真空钟罩中，天平还能保持平衡吗？

45. 如将上面的天平置于液化空气中又会如何？

46. 如果你的身体失重了，但你的衣服却没有，你会升入空中吗？

47. "永动机"和"巧动力"机械间有何区别？"巧动力"机械是否造出来过？

48. 在炎热和寒冷的天气中，火车轨道会发生什么情况？为什么气候变化对火车轨道危险不大？

49. 电报和电话线什么时候下垂最厉害？

50. 盛冷水还是热水时，玻璃杯子更易崩裂？

51. 为什么盛柠檬水的玻璃杯底很厚？为什么这种杯子没有盛热茶的玻璃好？

52. 在适应冷和热的餐具中，哪种透明物质不易开裂？

53. 为什么洗完热水澡后很难穿上靴子？

54. 有可能制造一个能自动上弦的钟表吗？

55. 自动上弦的原理可应用到大型机械上吗？

56. 为什么烟绕圈上升？

57. 如果你要冰一壶柠檬水，该怎么做？

58. 如果把冰块卷在毛皮里，它会融化得更快吗？

59. 雪真的能给地球保温吗？

60. 为什么地下管道中的水在冬天不会结冰？

61. 在北半球的七月份，哪儿是冬季？

62. 为什么可以在一个焊接过的容器中把水煮开，而不必担心容器开裂？

63. 为什么在严寒下雪橇很难在雪上移动？

64. 什么时候可以做出好的雪球？

65. 冰柱是如何形成的？

66. 为什么赤道比两极温暖？

67. 如果光是瞬时传播的，什么时候可以看到日出？

68. 如果光在任何介质中都是瞬时传播的，对于望远镜和显微镜来说意味着什么？

69. 能否做一个使光绕过去传播的障碍物？

70. 如何制作一个潜望镜？

71. 灯应该放在什么位置，你才能更好地在镜中看到自己的像？

72. 你和你在镜中的像是否完全一样？

73. 万花筒有何应用？

74. 怎样用一块冰来点火？

75. 在温带能看到海市蜃景吗？

76. 什么是"绿光"？

77. 怎样正确地看一张照片？

78. 为什么透过放大镜或在凹面镜中看一张照片会更有立体和景

深感?

图书在版编目（CIP）数据

趣味物理学 / (苏) 雅科夫·伊西达洛维奇·别莱利
曼著；曹磊编译. — 上海：上海教育出版社，2023.2
ISBN 978-7-5720-1569-4

Ⅰ.①趣… Ⅱ.①雅… ②曹… Ⅲ.①物理学 – 普及
读物 Ⅳ.①O4-49

中国国家版本馆CIP数据核字(2023)第002906号

责任编辑　李　祥　徐青莲
封面设计　橄榄树

趣味物理学
[苏] 雅科夫·伊西达洛维奇·别莱利曼　著
曹　磊　编译

出版发行　上海教育出版社有限公司
官　　网　www.seph.com.cn
地　　址　上海市闵行区号景路159弄C座
邮　　编　201101
印　　刷　上海商务联西印刷有限公司
开　　本　700×1000　1/16　印张 16.75
字　　数　201 千字
版　　次　2023年2月第1版
印　　次　2023年2月第1次印刷
书　　号　ISBN 978-7-5720-1569-4/O·0006
定　　价　58.00 元

如发现质量问题，读者可向本社调换　电话：021-64373213